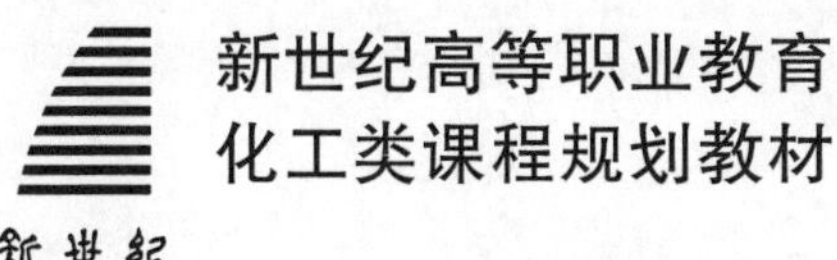

新世纪高等职业教育
化工类课程规划教材

无机化学（实训篇）

新世纪高等职业教育教材编审委员会 组编
主　编 王宝仁
副主编 庞永倩

第五版

大连理工大学出版社

图书在版编目(CIP)数据

无机化学. 实训篇 / 王宝仁主编. -- 5 版. -- 大连：大连理工大学出版社，2023.3

新世纪高等职业教育化工类课程规划教材

ISBN 978-7-5685-3607-3

Ⅰ. ①无… Ⅱ. ①王… Ⅲ. ①无机化学一高等职业教育一教材 Ⅳ. ①O61

中国版本图书馆 CIP 数据核字(2022)第 021323 号

大连理工大学出版社出版

地址：大连市软件园路 80 号　邮政编码：116023

发行：0411-84708842　邮购：0411-84708943　传真：0411-84701466

E-mail：dutp@dutp.cn　URL：https：//www.dutp.cn

辽宁虎驰科技传媒有限公司印刷　　大连理工大学出版社发行

幅面尺寸：185mm×260mm　　印张：7.75　　字数：178 千字

2007 年 8 月第 1 版　　2023 年 3 月第 5 版

2023 年 3 月第 1 次印刷

责任编辑：姚春玲　　责任校对：李　红

封面设计：张　莹

ISBN 978-7-5685-3607-3　　定　价：23.80 元

《无机化学(实训篇)》(第五版)是新世纪高等职业教育教材编审委员会组编的化工类课程规划教材之一,与《无机化学(理论篇)》(第五版)配套使用。

本教材第四版自2018年修订以来,多次印刷,深受广大读者欢迎。本教材分为无机化学实验基本知识、无机化学实验两部分,无机化学实验包含一般性实验、综合性实验、生活趣味性实验三个模块,共32个实验,内容满足实验教学及第二课堂活动需要。教材中数据记录与处理以表格形式列出,贴近岗位工作实际;问题与讨论为学生理论联系实际进行复习及总结实验提供方向;一般性实验后附相关仪器介绍或实验方法,明确了操作要领,有利于训练学生的操作技能;教材结构合理,体现高等职业教育特色,突出学生操作能力和知识运用能力的培养,服务于学生专业培养目标,为实施“1+X”证书制度提供了专业基础支持。本次教材在保持第四版优点的基础上,对以下内容进行了修订:

1.完善有关实验内容,规范文字表达,突出教材的严谨性、科学性。

2.更新知识,采用最新的相对原子质量表,体现教材的先进性。

3.增加危险化学品的分类及包装标志,完善火灾分类及灭火器的选择,增强安全意识。

4.查新标准,贯彻规范,如引入GB/T 37885—2019《化学试剂 分类》等国家标准。

本教材由辽宁石化职业技术学院王宝仁任主编，辽宁石化职业技术学院庞永倩任副主编，宝来利安德巴赛尔石化有限公司李更言参加了编写工作。具体分工如下：王宝仁编写第一部分及实验1～4、实验16～20，庞永倩编写实验12～15、实验21～32和附录，李更言编写实验5～11。全书由王宝仁负责拟定编写大纲，并做总纂和修改、定稿工作。

本教材可作为高等职业院校石油化工技术、工业分析技术、应用化工技术、石油炼制技术等化工技术类专业的教材，也可供环境保护类专业的学生选用。

在编写本教材的过程中，编者参考、引用和改编了国内外出版物中的相关资料以及网络资源，在此表示深深的谢意！相关著作权人看到本教材后，请与出版社联系，出版社将按照相关法律的规定支付稿酬。

限于编者水平，书中不妥之处在所难免，敬请读者批评指正，以便下次修订时完善。

编　者

2023 年 3 月

所有意见和建议请发往：dutpgz@163.com
欢迎访问职教数字化服务平台：https://www.dutp.cn/sve/
联系电话：0411-84706104　84707492

目 录

第一部分 无机化学实验基本知识

第二部分 无机化学实验

第一部分

无机化学实验基本知识

一、无机化学实验的任务

无机化学的实验任务是使学生了解化学实验室常识，掌握无机化学实验的基本操作，验证、巩固及加深理解无机化学的基本原理、元素及其化合物的基本性质、无机化合物的制备与分离纯化及分析鉴定方法，培养学生动手能力、理论联系实际能力以及分析问题和解决问题能力，树立实事求是的科学态度和严谨的工作作风，为后续课程的学习、考取职业资格证书及今后从事化工生产工作打好基础。

二、实验规则

1.实验前要认真预习，明确实验目的、要求，了解实验内容、原理、方法、步骤和有关注意事项，写好预习报告。

2.每次实验应提前 5～10 min 进入实验室，必须穿实验服，不得穿拖鞋；要遵守纪律，保持肃静，形成良好的秩序；实验开始前，要先检查实验药品、仪器是否齐全，若有缺损，应报告指导教师，及时补领，未经教师同意，不准动用他人的仪器。

3.实验过程中，要虚心接受教师指导，按正确顺序和方法进行操作，细心观察，如实记录；要爱护仪器（损坏仪器要报告指导教师，按规定处理），节约药品、水、电和燃料；注意安全，严防事故发生。

4.实验时，随时保持实验台整洁，取用药品后，要将试剂瓶放回原处；废物、废液要倒入废物箱或规定类型的废液缸，不能乱扔或乱倒，以免堵塞下水道、污染环境及发生安全隐患。

5.实验结束后，要洗净仪器，整理好实验用品和实验台面。值日生负责清点公共药品和仪器，打扫实验室卫生，清理实验废物，关闭水、煤气开关，拔掉电源插头，关好门窗，经教师允许后，方可离开实验室。

6.实验室的一切物品不得带离实验室。

7.根据原始记录，认真分析，写出实验报告，按时交指导教师批阅。

三、危险化学品的分类及包装标志

了解化学品(指各种元素组成的纯净物和混合物)的危险性及包装标志,对其安全运输、储存及使用是非常必要的。GB 6944—2012《危险货物分类和品名编号》按照危险货物的危险性将其划分为 9 个类别。除第 3、7、8、9 类外,其余各类又细分为不同分项。见表 0-1。

表 0-1　　危险货物分类

分类与项号	名称	分类与项号	名称
第 1 类	爆炸品	第 4 类	易燃固体、易于自燃的物质、遇水放出易燃气体的物质
1.1 项	有整体爆炸危险的物质和物品	4.1 项	易燃固体、自反应物质和固态退敏爆炸物
1.2 项	有进射危险,但无整体爆炸危险的物质和物品	4.2 项	易于自燃的物质
1.3 项	有燃烧危险并有局部爆炸危险或/和局部进射危险,但无整体爆炸危险的物质和物品	4.3 项	遇水放出易燃气体的物质
		第 5 类	氧化性物质和有机过氧化物
1.4 项	不呈现重大危险的物质和物品	5.1 项	氧化性物质
1.5 项	有整体爆炸危险的非常不敏感物质	5.2 项	有机过氧化物
1.6 项	无整体爆炸危险的极端不敏感物质	第 6 类	毒性物质和感染性物质
第 2 类	气体	6.1 项	毒性物质
2.1 项	易燃气体	6.2 项	感染性物质
2.2 项	非易燃无毒气体	第 7 类	放射性物质
2.3 项	毒性气体	第 8 类	腐蚀性物质
第 3 类	易燃液体	第 9 类	杂项危险物质和物品

GB 190—2009《危险货物包装标志》规定了危险货物包装图示标志,共分为 4 个标记(略),26 个标签,见表 0-2。

表 0-2　　危险货物包装标签

序号	标签名称	标签图形	分类及项号
		(符号:黑色,底色:橙红色)	1.1 1.2 1.3
		1.4 (符号:黑色,底色:橙红色)	1.4

（续表）

序号	标签名称	标签图形	分类及项号
1	爆炸性物质或物品	1.5 * 1 （符号：黑色，底色：橙红色）	1.5
		1.6 * 1 （符号：黑色，底色：橙红色） ＊＊项号的位置——如果爆炸性是次要危险性，留空白 ＊配装组字母的位置——如果爆炸性是次要危险性，留空白	1.6
2	易燃气体	2（符号：黑色，底色：正红色）　2（符号：白色，底色：正红色）	2.1
	非易燃无毒气体	2（符号：黑色，底色：绿色）　2（符号：白色，底色：绿色）	2.2
	毒性气体	2 （符号：黑色，底色：白色）	2.3
3	易燃液体	3（符号：黑色，底色：正红色）　3（符号：白色，底色：正红色）	3

(续表)

序号	标签名称	标签图形	分类及项号
4	易燃固体	 (符号:黑色,底色:白色红条)	4.1
	易于自燃的物质	 (符号:黑色,底色:上白下红)	4.2
	遇水放出易燃气体的物质	 (符号:黑色,底色:蓝色) 　(符号:白色,底色:蓝色)	4.3
5	氧化性物质	 (符号:黑色,底色:柠檬黄色)	5.1
	有机过氧化物	 (符号:黑色,底色:红色和柠檬黄色) 　(符号:白色,底色:红色和柠檬黄色)	5.2
6	毒性物质	 (符号:黑色,底色:白色)	6.1
	感染性物质	 (符号:黑色,底色:白色)	6.2

（续表）

序号	标签名称	标签图形	分类及项号
7	一级放射性物质	 （符号：黑色，底色：白色，附一条红竖条） 黑色文字，在标签下半部分写上： “放射性”“内装物________”“放射性强度________” 在“放射性”字样之后应有一条红竖条	7A
	二级放射性物质	 （符号：黑色，底色：上黄下白，附两条红竖条） 黑色文字，在标签下半部分写上： “放射性”“内装物________”“放射性强度________” 在一个黑边框格内写上：“运输指数” 在“放射性”字样之后应有两条红竖条	7B
	三级放射性物质	 （符号：黑色，底色：上黄下白，附三条红竖条） 黑色文字，在标签下半部分写上： “放射性”“内装物________”“放射性强度________” 在一个黑边框格内写上：“运输指数” 在“放射性”字样之后应有三条红竖条	7C
	裂变性物质	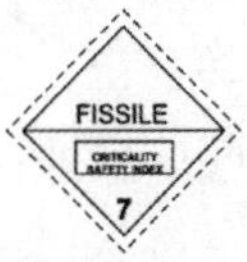 （符号：黑色，底色：白色） 黑色文字在标签上半部分写上：“易裂变” 在标签下半部分的一个黑边框格内写上：“临界安全指数”	7E
8	腐蚀性物质	 （符号：黑色，底色：上白下黑）	8
9	杂项危险物质和物品	 （符号：黑色，底色：白色）	9

四、安全守则

1.必须熟悉实验室中水、电、煤气的总闸,消防器材及急救箱的位置。万一发生意外事故要及时关闭总闸,采取必要的救护措施。

2.不要用湿的手或物体接触电器,严防触电。水、电和煤气使用完毕要立即关闭,用过的酒精灯、火柴要立即熄灭。

3.实验室内严禁饮食和存放饮食用具,实验药品严禁入口。实验完毕,必须将手洗干净。

4.严禁做未经教师允许的实验,或任意将药品混合,以免发生意外。

5.一切易燃、易爆物质的操作应该远离火源。

6.能生成刺激性、有毒或有恶臭气味的实验,应在通风橱内或通风口处进行。

7.闻药品气味时,不要把鼻子直接对准容器,应用手轻拂气体,扇向鼻孔。

8.浓酸、浓碱及强氧化剂具有腐蚀性,使用时要格外小心,防止溅在眼睛、皮肤或衣服上。稀释浓硫酸时,应将其沿玻璃棒慢慢倒入水中,并不断搅拌,切勿将水倒入硫酸中,以免因局部过热而迸溅,引起灼伤。

9.钾、钠不要与水接触或暴露在空气中。应将其保存在煤油中,并用镊子取用。

10.白磷有剧毒,能灼伤皮肤,切勿与人体接触;白磷在空气中还能自燃,因此要保存在水中,使用时在水中切割并用镊子夹取。

11.可溶性汞盐、铬(VI)的化合物、氰化物、砷化物、铅盐和钡盐都有毒,不得入口或接触伤口,其废液要统一回收,并进行无污染处理。

12.汞易挥发,能引起人体慢性中毒。如不慎打坏水银温度计,使汞洒落,应尽量将汞收集起来,并用硫黄粉盖在洒落的地方,使汞转化为难挥发的硫化汞。保存汞的容器,要加水覆盖。

13.加热试管时,试管口不要对人;加热液体、倾注试剂或开启浓氨水等试剂瓶时,不要俯视容器,以防液体意外溅出而受伤。

14.使用煤气、高压气瓶、电器设备、精密仪器时,要熟悉使用说明,严格按要求操作。

五、实验室“三废”的处理

化学实验所产生的废气、废水、废渣统称为实验室“三废”。它们多为有毒物质,为避免直接排放污染环境,需进行必要的无害化处理。

1.废气的处理

对产生有毒气体的实验,应在通风橱内进行。少量的有毒气体可通过排风设备直接排出室外,被空气稀释。实验产生较多量有毒气体时,必须经过吸收处理才能排放。常用方法如下:

(1)溶液吸收法。溶液吸收法是采用适当液体吸收剂处理气体混合物,以除去其中有害气体的方法。常用的液体吸收剂有水(吸收 HCl、NH_3 等废气)、酸性溶液(吸收 NH_3、CO_2 等废气)、碱性溶液(吸收 SO_2、NO_x、HF、SiF_4、H_2S、HCl、Cl_2、HCN、酸雾等废气)以及有机溶剂(如苯、甲苯可用酒精吸收,溴蒸气可用 CCl_4 吸收等)。要尽量缩小有毒气体扩散范围,如浓硫酸使蔗糖脱水的“黑面包”实验会产生大量的 SO_2,该实验是在敞口小烧杯中进行的,无法将废气通入到碱液中吸收。因此可采用“烧杯倒扣法”吸收处理,即将另一只较大烧杯内壁涂上饱和 $Ca(OH)_2$ 溶液,倒扣在实验中的小烧杯上。

若废液的 pH 为 5.8～8.6,且废液中不含其他有害物质,则可加水稀释后排放。

(2)固体吸附法。固体吸收法是将废气与固体吸收剂接触,使废气中的污染物吸附在固体表面而被分离出去的方法。它主要用于少量低浓度废气的净化。例如,用活性炭或浸渍活性炭去除空气或其他气流中的有机气体(苯、甲苯、二甲苯、丙酮、乙醇、乙醚、甲醛、汽油、乙酸乙酯、苯乙烯、氯乙烯、CS_2、CCl_4、$CHCl_3$ 等)和无机气体(H_2S、Cl_2、CO、CO_2、SO_2、NO_x 等),用硅胶吸附 H_2O、H_2S、SO_2、HF 等。

(3)燃烧法。如 CO 尾气处理就可用此法。

(4)沉淀法。如将含有 H_2S 气体的废气通入饱和 $CuSO_4$ 溶液中,可使 H_2S 转化为 CuS 沉淀。

2.废液收集与处理

(1)废液收集。化学实验室按规定收集的废液,不经处理不得随意排入下水道;实验室要设酸桶、碱桶、有机物桶、含卤有机物桶和重金属毒物桶,要在桶上明确标志;一般酸、碱分桶盛放,酸碱浓度大于 0.1 mol/L 的溶液分别倒入酸桶或碱桶;有机物、含卤有机物、重金属铬等有毒废液要分桶盛放。

(2)废液处理。废液处理通常采用中和法、萃取法、蒸馏法、化学沉淀法及氧化还原法将有害物质去除后,再用大量水冲稀排放。

①中和法:对于酸类或碱类物质的废液,如浓度较大时,可利用废碱或废酸相互中和(或废酸液用适当浓度 Na_2CO_3 或 $Ca(OH)_2$ 水溶液中和,含 NaOH、NH_3 等碱性废液用适当浓度盐酸溶液中和),再用 pH 试纸检验,若废液 pH 为 5.8～8.6,且废液中不含其他有害物质,则用大量水冲稀排放。

②萃取法:对于含水低浓度有机废液,可用与水不互溶的正己烷等挥发性溶剂进行萃取,分离出溶剂后,进行焚烧处理。

③蒸馏法:对于有机溶剂废液应尽可能采用蒸馏方法回收后循环使用。若无法回收,可进行分批、少量焚烧处理,切忌直接倒入实验室水槽中。

④化学沉淀法:对于含有害金属离子(如重金属汞、镉、铜、铅、镍、铬离子等)的无机盐类废液,可在废液中加入合适的试剂,使金属离子转化为难溶沉淀,然后进行过滤,将滤出的沉淀物按废渣处理方法处理。例如,可用 NaOH 将废水中的金属离子转化为氢氧化物沉淀;用 Na_2CO_3 溶液将废水中的金属离子转化为碳酸盐沉淀;用 Na_2S、H_2S 或 $(NH_4)_2S$ 将废水中的汞、砷、锑、铋等离子转化为硫化物沉淀;用 $BaCO_3$ 或 $BaCl_2$ 作沉淀剂除去废水中的 CrO_4^{2-} 等。

⑤氧化还原法:通过氧化还原反应,可将废水中溶解的有害无机物或有机物,转化成无害物质或易从水中分离除去的形态。例如,用 $FeSO_4$、Na_2SO_3 等还原 Cr(Ⅵ)为Cr(Ⅲ)后,加碱转化为低毒的 $Cr(OH)_3$ 沉淀分离;用漂白粉氧化含氮废水、含硫废水及含酚废水等。

此外,对含重金属离子的废液,可酸化后加铁粉还原;搅拌均匀,然后加碱至 pH 为

9～10,反应 30 min,生成有吸附作用的 $Fe(OH)_3$ 溶胶;再在搅拌下加入凝聚剂(明矾或 $FeCl_3$),使重金属氢氧化物沉淀与凝聚剂共沉淀;过滤、分离后即可按废渣处理方法处理。

3.废渣的处理

固体废渣通常采用掩埋法处理。对于无毒废渣可直接掩埋,但应做好掩埋地点的记录;对有毒废渣必须经化学处理后深埋在远离居民区的指定地点,并覆盖设计厚度的黏土压实封场,以免毒物溶于地下水而混入饮用水中;有毒且不易分解的有机废渣可以用专门的焚烧炉进行焚烧处理。

六、意外事故的处理

1.割伤

先排出伤口中的异物,然后用 3.5%的碘酒消毒,再用纱布包扎,若伤口较大,应立即去医院医治。

2.烫伤

先用 1% $KMnO_4$ 溶液擦洗,再涂上烫伤膏或医用凡士林等。

3.碱蚀

立即用大量的水冲洗,再依次用 2% HAc 溶液(或 1% H_3BO_3 溶液)冲洗、水冲洗,最后涂上医用凡士林;若溅入眼内,立即用大量细水流冲洗(持续 15 min),再去医院治疗。

4.酸蚀

应迅速用抹布擦掉,再用大量水冲洗,然后用 3%～5% $NaHCO_3$ 溶液(或稀氨水、肥皂水)冲洗,再用水冲洗,最后涂上医用凡士林;若溅入眼内,先用大量细水流冲洗至少 15 分钟,再去医院治疗。

5.溴蚀

溴灼伤后,伤口一般不易愈合。试验前应先配制适量的 20% $Na_2S_2O_3$溶液备用。一旦有溴沾到皮肤上,立即用 $Na_2S_2O_3$溶液冲洗,再用大量水冲洗干净,包上消毒纱布后就医。

6.白磷灼伤

用 1% $AgNO_3$ 溶液、5% $CuSO_4$ 溶液或浓 $KMnO_4$ 溶液洗净,然后用纱布包扎。

7.吸入刺激性或有毒气体

吸入 Cl_2、Br_2 或 HCl 气体时,可立即吸入少量氨气或酒精和乙醚的混合蒸气解毒;若吸入 H_2S 气体而感到不适,则应立即到室外呼吸新鲜空气。

8.毒物误入口内

将 5～10 mL 稀硫酸铜溶液加入一杯温水中,内服后,用手指伸入咽喉部催吐,然后立即去医院治疗。

9.触电

立即切断电源,或者用干燥的布带、皮带,把触电者从电线上拉开。如果触电者已停止呼吸或脉搏停跳,要立刻对其进行人工呼吸或心脏按压,并求救 120。

10.起火

既要灭火,又要防止火势蔓延。要切断电源,关闭煤气,移走易燃品。

小面积着火,可用湿布、石棉布或沙土覆盖灭火;实验者衣服着火时,决不可慌张乱跑,否则着火面会扩大,应立即用湿布、石棉布压灭火焰,并尽快脱下衣服,或用水冲淋,使火熄灭,必要时就地滚动,压灭火焰。

GB/T 4968—2008《火灾分类》根据可燃物类别和燃烧特性将火灾分为A、B、C、D、E、F六类。当火势较大时,应根据火灾类别,选择合适类型的灭火器(详见GB 50140—2005《建筑灭火器配置设计规范》)采取有针对性的灭火措施。见表0-3。

表 0-3　火灾种类及灭火器的选择

火灾种类	名称	举例	灭火器的选择
A类	固体物质火灾	木材、棉、毛、麻、纸张及其制品等火灾	应选择水型灭火器、磷酸铵干粉灭火器、泡沫灭火器[主要成分:$NaHCO_3$、$Al_2(SO_4)_3$]或卤代烷灭火器(如1211灭火器、1301灭火器,主要成分分别为:CF_2ClBr、CF_3Br)等灭火
B类	液体火灾或可熔化固体物质火灾	汽油、煤油、柴油、原油、甲醇、乙醇、沥青、石蜡等火灾	应选择泡沫灭火器、碳酸氢钠干粉灭火器、磷酸铵干粉灭火器、二氧化碳灭火器、灭B类火灾的水型灭火器或卤代烷灭火器,切忌用水灭火
C类	气体火灾	煤气、天然气、甲烷、乙烷、丙烷、氢气、乙炔等火灾	应选择碳酸氢钠干粉灭火器、磷酸铵干粉灭火器、二氧化碳灭火器或卤代烷灭火器灭火
D类	金属火灾	钾、钠、镁、钛、锆、锂、铝镁合金等火灾	应选择扑灭金属火灾的专用灭火器,它是一款特殊干粉灭火器
E类	带电火灾	发电机、变压器、配电盘、开关箱、仪器仪表及电子计算机等带电物质的火灾	可选择磷酸铵干粉灭火器、泡沫灭火器、二氧化碳灭火器或卤代烷灭火器灭火,但不得选用装有金属喇叭喷筒的二氧化碳灭火器
F类	烹饪器具内的烹饪物火灾	动植物油火灾	可选择泡沫灭火器、碳酸氢钠干粉灭火器、磷酸铵干粉灭火器

必须注意:若火情严重,应及时报火警,同时疏散人员到安全地点。此外,为保护大气臭氧层和人类生态环境,在非必要场所应当停止配置卤代烷灭火器。

七、实验室急救药箱的配备

1.医用酒精,红药水,碘酒(3%),$NaHCO_3$溶液(饱和),硼酸溶液(1%),醋酸溶液(2%),氨水(5%),硫酸铜溶液(5%),高锰酸钾晶体,氯化铁溶液,甘油,凡士林,烫伤膏,消炎粉,氧化镁甘油浆液催吐剂(将200 g氧化镁与240 g甘油混合)。

2.消毒纱布,消毒棉,棉签,绷带,创可贴,医用镊子,剪刀等。

八、无机化学实验记录和报告

1. 无机化学实验记录

实验记录是实验过程的原始记载，是正确书写实验报告的依据，也是日后查阅、研究的永久性资料。及时做记录是科研工作者的基本素养之一，学生在无机化学实验课中应养成这一良好习惯。实验记录必须及时、准确、客观、真实，一般要用页码连续的专门记录本，并用不褪色的墨水书写。

书写实验记录时应注意：测量数据只保留一位有效数字；原始数据不能随意涂改，不能缺页，如发现数据记错，算错或测错，要将该数据用一横线划去，并在其上方写上正确数字，不能涂改原始记录，更不允许编造数据。

无机化学实验记录通常包括如下内容：

(1)药剂

药剂包括规格、用量。

(2)仪器

仪器包括名称、型号。

(3)操作过程

操作过程包括操作时间、操作步骤、实验现象(如物态、颜色、气味等变化情况)、相关测量数据(如质量、体积、温度、压力、浓度及相关数据)。

(4)结果

结果包括产品的性状、产量等。

2.无机化学实验报告

完成实验报告是对实验进行总结和提高的过程，也是培养严谨科学态度与实事求是精神的重要措施，必须予以重视。实验报告应结构完整，简明扼要。

通常，实验报告有如下常用格式，也可根据实验类型的不同，自行设计。

(1)测定性实验

无机化学实验报告

实验名称________

专　　业________

班　　级________

指导教师________

学生姓名________　同组人________

实验日期________________

一、实验目的 1.____ 2.____
二、实验原理(简述)
三、实验仪器与试剂 1.仪器 ××(规格,数量),××(规格,数量)…… 2.试剂 ××(浓度或状态),××(浓度或状态)……
四、实验记录(可用表格形式记录实验现象、实验数据)
五、实验数据处理及结论(分析、检验的有关计算或图表)
六、问题与讨论(分析产生误差的原因,提出改进措施)

(2)元素及其化合物性质实验

无机化学实验报告

实验名称________

专　　业________

班　　级________

指导教师________

学生姓名________ 同组人________

实验日期____________________

一、实验目的

1.____________________

2.____________________

二、实验原理(简要文字、化学反应方程式及图示)

三、实验仪器与试剂

1.仪器

××(规格,数量),××(规格,数量)……

2.试剂

××(浓度或状态),××(浓度或状态)……

四、实验内容

实验步骤	实验现象	实验解释或化学反应方程式	实验结论
1. ×××× (1)×××× (2)×××× ⋮ ⋮ ⋮ ⋮ ⋮			
2. ×××× (1)×××× (2)×××× ⋮ ⋮ ⋮ ⋮ ⋮			

五、问题与讨论

(3)综合性实验

无机化学实验报告

实验名称________

专　　业________

班　　级________

指导教师________

学生姓名________ 同组人________

实验日期____________________

一、实验目的 1.______________________________ 2.______________________________
二、实验原理(简要文字、化学反应方程式及图示) 1.制备原理 2.检测原理
三、实验仪器与试剂 1.仪器 ××(规格,数量),××(规格,数量)…… 2.试剂 ××(浓度或状态),××(浓度或状态)……
四、实验步骤(可用框图、表格、化学式或符号等简要表示)
五、实验记录(可用表格的形式记录实验现象、实验数据)
六、实验数据处理及结论(产品的外观、产量及产率计算,分析、检验的有关计算或图表)
七、问题与讨论(比较测定值和理论值,分析产生误差的原因,提出改进措施)

九、测量误差与有效数字

1.测量误差

(1)测量误差类型

在无机化学实验中,待测物理量的测量可分为直接测量和间接测量两类。直接测量是用测量仪器直接得到结果的测量,如用量筒、滴定管、托盘天平等进行的测量。间接测量则是通过直接测量量与待测量之间的函数关系求出待测量的测量,如醋酸解离常数的测定。

测定值与真实值之间的差值,称为测量值的误差,简称误差。根据导致误差的原因和性质不同,测量误差主要分为如下三类:

①系统误差:系统误差是由某些比较确定的原因造成的,它具有重复性、单向性的特点。系统误差的大小在理论上是可测定的,因此又称为可测误差。它包括仪器误差(仪器、量器不准确而引起)、试剂误差(由试剂纯度不够引起)、方法误差(由选择的分析方法本身的缺陷所引起)和操作误差(由操作者主观判断因素造成)等。

②偶然误差:偶然误差是某些难以预料的偶然因素引起的测量误差。偶然误差对测量结果影响不确定,如环境的温度、压力、湿度、仪器的微小变化、实验人员对各份试样处理时的微小差别等引起的误差,这些误差都是随机的,因此又称为随机误差。偶然误差分布符合一般统计规律,呈正态分布。一般采用“多次测量,取平均值”的方法可以减小偶然误差。

③过失误差:过失误差是测量过程粗枝大叶而引起的误差,因此又称为“粗大误差”。例如,看错砝码、读错数据、溶液溅失、加错试剂、计算错误、操作不正确等造成的误差,经证实系由过失引起的误差,应弃去此次测量结果。

(2)误差表示方法

①绝对误差:绝对误差(E_a)表示测定结果①(x)与真实值(x_T)之差。

$$E_a = x - x_T \tag{0-1}$$

②相对误差:相对误差(E_r)是指绝对误差(E_a)占真实值(x_T)的百分率。

$$E_r = \frac{E_a}{x_T} \cdot 100\% \tag{0-2}$$

绝对误差和相对误差均可以表示测定结果的准确度(测定值与真实值的偏离程度),误差越小,准确度越高;误差越大,准确度越低。绝对误差和相对误差又都有正负之分,正值表示测定结果偏高,负值表示测定结果偏低。当绝对误差相同时,被测物质的真实值越大,相对误差越小,如用天平称量试样时,增大取样量,可减小称量误差对分析结果的影响。

相对误差能反映误差在真实结果中所占的比例,故常用其表示在各种情况下测定结果的准确度。但一些测量仪器的准确度,常用绝对误差表示,更为明确(表 0-4)。

---

① 实际工作中,在表示绝对误差和相对误差时,测定结果(x)常用对一个试样的多次重复测定(平行测定)数据的算术平均值($\overline{x}$)来表示,即 $\overline{x}=\frac{1}{n}\sum_{i=1}^{n}x_i$。

表 0-4　　常用测量仪器的准确度

常用测量仪器	绝对误差	常用测量仪器	绝对误差
分析天平	±0.000 1 g	移液管	±0.01 mL
托盘天平	±0.1 g	50 mL 量筒	±0.1 mL
常量滴定管	±0.01 mL	100 mL 量筒	±1 mL

(3)偏差

偏差(d)是指测定值(x)与多次测量结果的平均值($\overline{x}$)之间的差值，是用来衡量精密度(相同条件下，平行测定结果之间的接近程度)高低的物理量。偏差小，精密度高，测定结果再现性好；偏差大，精密度低，测定结果再现性差，则测定结果不可靠。

与误差相似，偏差也有绝对偏差和相对偏差之分。绝对偏差(d_i)是指单次测定值(x_i)与平均值($\overline{x}$)之差；相对偏差(d_r)是指绝对偏差在平均值中所占的百分率。

$$d_i = x_i - \overline{x} \tag{0-3}$$

$$d_r = \frac{d_i}{\overline{x}} \times 100\% \tag{0-4}$$

由于在几次平行测定中，各次测定的偏差可为正值、负值或零，为了说明分析结果的精密度，通常用平均偏差($\overline{d}$)，即单次测量偏差绝对值的平均值来表示精密度。

$$\overline{d} = \frac{|d_1| + |d_2| + \cdots + |d_n|}{n} = \frac{|x_1 - \overline{x}| + |x_2 - \overline{x}| + \cdots + |x_n - \overline{x}|}{n} \tag{0-5}$$

测定结果的相对平均偏差为

$$\overline{d}_r = \frac{\overline{d}}{\overline{x}} \times 100\% \tag{0-6}$$

(4)公差

误差和偏差的含义是不同的。前者以真实值为标准，后者是以多次测量结果的平均值为标准。通常真实值是通过反复测定而得到的近似于真实值的平均结果，用这个平均值代替真实值来计算误差，实质上还是偏差。因此，产品质检时并不强调误差与偏差的区别，而常用公差范围来表示误差的大小。

公差是产品质检部门对分析结果允许误差的一种限量，又称允许差。公差范围是根据对各种分析方法准确度要求而规定的。一般分析工作中，只做两次平行测定，当两次平行测定结果的差值不大于允许差时，取两次平行测定结果的算术平均值作为分析结果；若两次平行测定结果的差值超出允许差，称为“超差”，此测定结果无效，必须重新测定。

(5)提高准确度方法

在测量过程中，提高准确度的关键在于尽可能地减小系统误差，一般有如下几种方法。

①校正测量仪器：在日常分析工作中，因仪器出厂时已进行校正，只要仪器保管妥当，一般可不必进行校正。但在准确度要求较高的分析中，对所使用的仪器如天平、砝码、移液管、容量瓶及滴定管等必须预先校正，以使测量结果准确。

②做空白试验：空白试验是在同样测定条件下，用蒸馏水代替试液，用同样的方法进行的实验。从试样分析结果中扣除空白值，即可消除由试剂、蒸馏水及器皿带入杂质所引起的系统误差。

③做对照实验：对照实验是用已知准确成分或含量的标准试样，按同样方法和条件进

行测定的实验,也可采用不同的分析方法、不同的分析人员、不同的实验室,分析同样的试样。其目的是,判断试剂是否失效,反应条件是否控制正确,操作是否正确,仪器是否正常等,以确保得到可靠的测定结果。

2.有效数字

(1)有效数字的概念

准确记录和正确报告实验结果是科学实验的最基本要求。在无机化学实验中有意识地进行这种基本训练尤为重要。因此要使用有效数字书写实验记录和整理实验报告。

有效数字是指在测量中实际能测到的数字。有效数字的最后一位是估计值,不够准确,又称可疑数字。例如,50 mL 量筒的最小分度为 1 mL,两刻度之间可估算出 0.1 mL,量取液体时,最多只能记录到小数点后第一位。如量取 30 mL 液体的正确记录是 30.0 mL,为三位有效数字,该液体的实际体积为(30.0±0.1)mL。此时量取的绝对误差为±0.1 mL,相对误差为

$$\frac{\pm 0.1}{30.0}\times 100\% = \pm 0.3\%$$

若错将结果记为 30 mL,则意味着该试样的实际体积为(30±1)mL,此时绝对误差为±1 mL,而相对误差变为±3.3%。由此可见,运用有效数字正确记录测量数据是十分必要的。

数字 0 按在数据中不同位置有不同的意义。如 0 之前没有其他数字,则在其他数字前面的 0 仅起定位作用,不是有效数字,如 0.001 8 为两位有效数字;数字中间的 0 都是有效数字,如 10.3 为三位有效数字;数字后面的 0,一般为有效数字,如 20.0 为三位有效数字;以 0 结尾的整数,如3 500,其有效数字难以确定,如果采用科学计数法,则前面因数部分就是有效数字,例如3.5×10^3为两位有效数字。

(2)数值运算规则

实验中所测得的数据,由于测量的准确程度不完全相同,因而其有效数字的位数也不尽相同。在进行计算时应舍弃多余的数字,按 GB 8170—2008《数值修约规则与极限数值的表示与判定》进行修约。修约方法可概括为:4 舍 6 入 5 待定;5 后有非“0”则进 1;5 后皆“0”(或无数) 看前方,前为偶数应舍去,前为奇数则进 1。即

①当尾数≤4 时,将其舍去。例如 15.148 9 ⟶15.1。

②当尾数≥6 时,则进 1。例如 23.774 2 ⟶23.8,1 268→13×10^2。

③如果 5 后面的数字不全为 0 时,则进 1。例如 2.051 ⟶2.1。

④如果 5 后面的数字全为 0 时:5 前为奇数,舍 5 入 1;5 前为偶数,舍 5 不进(0 为偶数)。例如 16.35 ⟶16.4,16.350 ⟶16.4,15.45 ⟶15.4, 15.450 ⟶15.4。

⑤负数修约时,先将其绝对值按上述规定进行修约,然后在修约值前面加上负号。例如−0.056 5 ⟶−0.056,−2 550 ⟶-2.6×10^3。

⑥只允许对数据一次修约到所需要的有效数字,不得多次连续修约。例如,将 615.454 6修约成三位有效数字,应一次修约,即 615.454 6 ⟶615 。

若多次连续修约 615.454 6 ⟶615.455 ⟶615.46 ⟶615.5 ⟶616,则是不正确的。

(3)有效数值运算规则

①加、减运算时,结果的有效数字位数应与绝对误差最大(即小数点后位数最少)的数据相同。例如

$$7.85+26.136\,4-18.647\,38=15.34$$

一般情况下，可先取舍后运算。

②乘、除运算时，结果的有效数字位数应与相对误差最大(即有效数字位数最少)的数据为准。例如

$$\frac{0.078\,25\times 12.0}{6.781}=0.138$$

同加、减运算一样，可先取舍后运算。

③若某数据的首位有效数字大于 7，则运算时有效数字可多算一位，如 0.824，可视为四位有效数字。

④计算式中遇到的常数，如 π，e，化学计量数以及乘、除因数$\sqrt{3}$和$\frac{1}{2}$等均不是测量所得，因此可视为无穷多位有效数字，不影响其他数字的修约。

⑤对数运算中，对数值小数点后的位数应与真数相同。例如，若

$$[H^+]=3.30\times 10^{-5}$$

则

$$pH=4.48$$

⑥乘方和开方计算时，结果的有效数字位数与原数值相同。例如

$$12^2=1.4\times 10^2,\quad \sqrt[3]{2.28\times 10^3}=13.2$$

⑦表示误差时，保留一位、最多两位有效数字即可；化学平衡计算一般保留两位有效数字。

十、无机化学实验常用仪器

无机化学实验常用仪器的有关情况见表 0-5。

表 0-5　　无机化学实验常用仪器

名称及图示	材质、种类及规格	用　途	使用注意事项
普通试管 离心试管	玻璃质或塑料质。 分硬质试管、软质试管；普通试管、离心试管。 普通试管有平口、翻口，有刻度、无刻度，有支管、无支管，具塞、无塞等几种；离心试管也有有刻度和无刻度的。 有刻度试管规格以容积(mL)表示；无刻度试管规格以外径(mm)×长度(mm)表示	少量试剂的反应容器，便于操作和观察；也可用于收集少量气体。离心试管用于沉淀分离	①普通试管可直接用火加热，硬质的可加热至高温，但不能骤冷 ②离心试管只能用水浴加热，不能用火直接加热。 ③反应液体不超过容积的 1/2，加热液体不超过容积的 1/3。 ④加热前要先将试管外壁擦干，并使用试管夹，注意试管口不要对人，应不断振荡，使试管下部受热均匀。 ⑤加热液体时，试管口向上倾斜 45°，加热固体时试管口略向下倾斜

(续表)

名称及图示	材质、种类及规格	用　途	使用注意事项
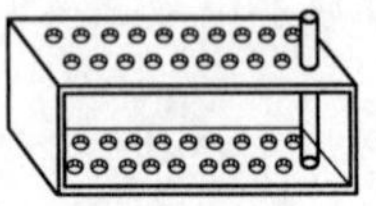 试管架	木质、铝质和塑料质。 按形状和大小不同有多种规格	放置试管	防止腐蚀试管架
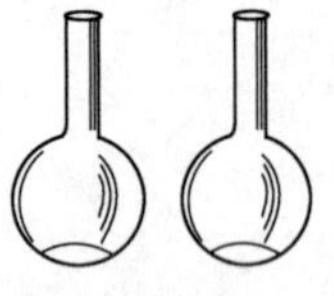 烧瓶	玻璃质。 有平底、圆底、长颈、支管、磨口烧瓶等。 规格以容积(mL)表示，磨口烧瓶以标号表示	加热反应容器	①盛装反应液体时，以容积的 1/3～2/3 为宜 ②加热时先将外壁擦干，再放于石棉网上或电热套内，使其受热均匀
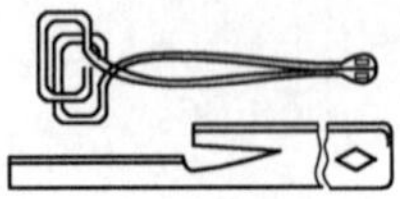 试管夹	木质、竹质、钢质	夹持试管加热	①夹在试管中上部 ②手持时，不要将拇指按在试管夹的活动部位 ③要从试管底部套上或取下
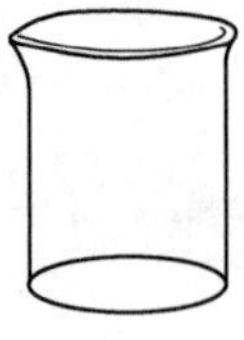 烧杯	玻璃质或塑料质。 有一般型、高型、有刻度和无刻度等几种。 规格以容积(mL)表示	反应物量较多的反应容器；配制溶液和溶解固体；还可进行简易水浴	①加热时先将外壁擦干，再放在石棉网上，使其受热均匀 ②盛装反应液体时，不得超过容积的 2/3 ③加热液体时，液体量为容积的 1/3～1/2
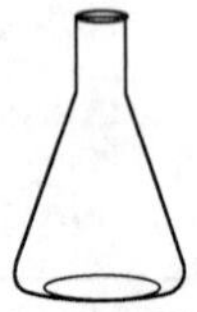 锥形瓶	玻璃质或塑料质。 有具塞、无塞等种类。 规格以容积(mL)表示	反应容器，可避免液体大量蒸发，用于滴定反应，方便振荡	①滴定时，所盛溶液不超过容积的 1/3 ②其他同烧杯
 碘量瓶	玻璃质。 具有配套的磨口塞。 规格以容积(mL)表示	与锥形瓶相同，可用于防止液体挥发和固体升华的实验	同锥形瓶
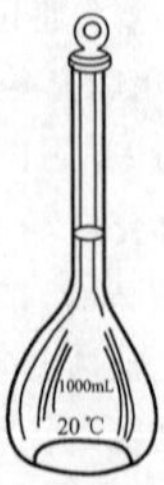 1000mL 20℃ 容量瓶	玻璃质或塑料质。 玻璃磨口塞或塑料塞。 规格以刻线标示的容积(mL)表示	用于配制一定体积的准确浓度的溶液	①塞子与瓶配套，不能互换 ②用后立即洗净 ③具有准确刻度线的量器不能放在烘箱中烘干，更不能用火加热 ④读数时，视线与液面水平，环形标线与弯月面最低点相切

（续表）

名称及图示	材质、种类及规格	用　途	使用注意事项
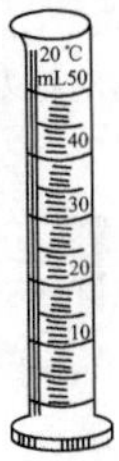 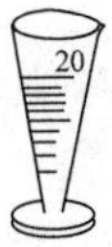 量筒　量杯	玻璃质或塑料质。 上口大、下部小的称为量杯。 分具塞、无塞的。 规格以所能量度的最大容积(mL)表示	量取一定体积的液体	①不能加热 ②不能作为反应容器，也不能作为混合液体或稀释的容器 ③不能量取热的液体 ④量度亲水溶液的浸润液体，视线与液面水平，读取与弯月面最低点相切的刻度值
  移液管　吸量管	玻璃质或塑料质。 移液管为单刻度，吸量管（简称吸管）有分刻度。 规格以所能量取的最大容积(mL)表示	准确量取一定体积的液体	①用后立即洗净 ②具有准确刻度线的量器不能放在烘箱中烘干，更不能用火加热 ③读数方法同量筒
  酸式滴定管　碱式滴定管	玻璃质或塑料质（聚四氟乙烯）。 具有活塞的为酸式滴定管，具有橡皮滴头的为碱式滴定管。用聚四氟乙烯制成的则无酸式、碱式之分。 规格以刻度线所示最大容积(mL)表示	用于容量分析中的滴定仪器或准确测量液体的体积	①酸式滴定管的活塞不能互换，不能装碱溶液 ②不能放在烘箱中烘干或用火加热 ③不能量取热液体 ④读数方法同量筒
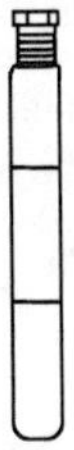 比色管	无色优质玻璃质。 规格以环线刻度标示容量(mL)表示	盛溶液以比较溶液颜色的深浅	①比色时必须选用质量、口径、壁厚、形状完全相同的比色管 ②不能用毛刷擦洗，也不能加热 ③比色时最好放在白色背景的平面上
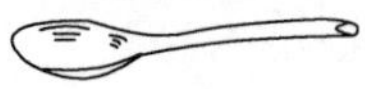 药匙	牛角质、塑料质等。有长短不一的各种规格	取固体试剂。可根据取药量的多少，分别使用药匙两端的大、小匙	①用后洗净擦干，备用 ②不能取热药品

(续表)

名称及图示	材质、种类及规格	用　途	使用注意事项
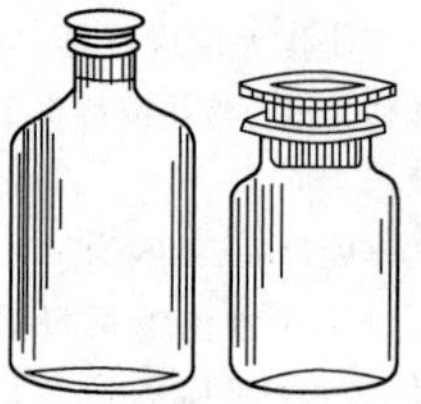 细口瓶　广口瓶	玻璃质。 有广口、细口、磨口、非磨口以及无色、棕色等种类。 规格以容积(mL)表示	广口瓶用于盛放固体试剂；细口瓶用于盛放液体试剂；棕色瓶用于盛放见光易分解和不太稳定的试剂	①不能加热； ②盛碱溶液时要用胶塞或软木塞； ③不要互混、弄脏塞子； ④试剂瓶上必须保持标签完好，取液体试剂在倾倒时瓶上的标签要对着手心
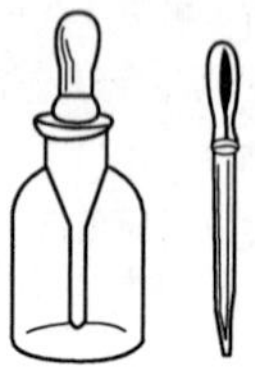 滴瓶　滴管	玻璃质。 有无色、棕色两种，滴管上配有乳胶头。 规格以容积(mL)表示	盛放液体	①滴管不能吸得太满或横持，以防试剂腐蚀乳胶头； ②滴管必须专用，不得互混、弄脏； ③滴液时滴管要垂直、悬空滴加，不能使滴管端部接触盛接容器内壁，更不能插入其他试剂瓶中
 洗瓶	玻璃质或塑料质。 规格以容积(mL)表示	装蒸馏水，用于洗涤沉淀和容器内壁	①不能装自来水； ②使用时，喷嘴不能接触被淋洗的容器壁
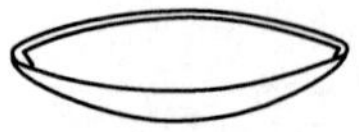 表面皿	玻璃质。 规格以口径(cm)表示	盖在蒸发皿或烧杯上，防止液体溅出或落入灰尘；也可作为称取固体药品的容器	①不能用火直接加热； ②作为盖使用时，直径要比容器口直径大些； ③作为称量试剂的容器时，要事先洗净、干燥
 称量瓶	玻璃质。 有矮型和高型两种。 规格以外径(mm)×高(mm)表示	用于称量固体试样	①不能直接用火加热； ②瓶塞不能互换
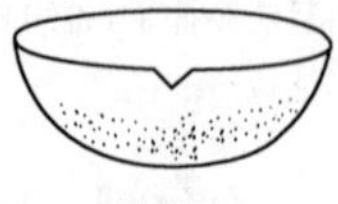 蒸发皿	瓷质、石英质、金属质等。 规格以上口直径(mm)或容积(mL)表示	用于蒸发或浓缩溶液；也可作为反应器；还可用于灼烧固体	①能耐高温，但不宜骤冷； ②一般放在铁环上直接用火加热，但要先预热后，再提高加热强度； ③防止骤冷、骤热； ④所盛溶液不超过容积的2/3

（续表）

名称及图示	材质、种类及规格	用　途	使用注意事项
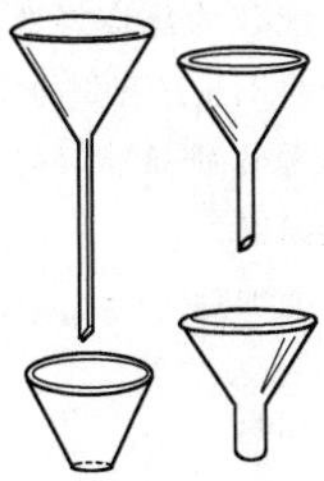 漏斗	玻璃质。 有短颈、长颈、粗颈、无颈等种类。 规格以口径(mm)表示	用于过滤；倾注液体导入小口容器中；粗颈漏斗可用来转移固体试剂；长颈漏斗常用于装配气体发生器，可加液用	①不能用火加热，过滤的液体也不能太热； ②过滤时，漏斗颈尖端要紧贴盛接容器的内壁； ③长颈漏斗在气体发生器中加液时，颈尖端应插至液面之下
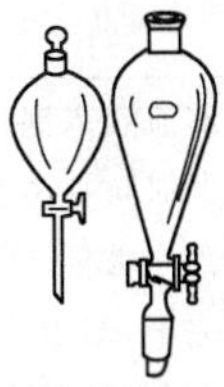 分液漏斗	玻璃质。 常用有球形、梨形的。 规格以容积(mL)表示	用于液体的洗涤、萃取和分离	①不能用火直接加热； ②塞子不能互换； ③活塞处不能漏液
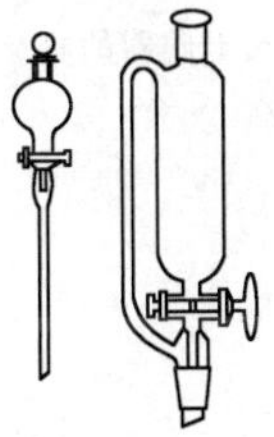 滴液漏斗	玻璃质。 有常压使用的和恒压使用的两种	用于滴加液体	同分液漏斗
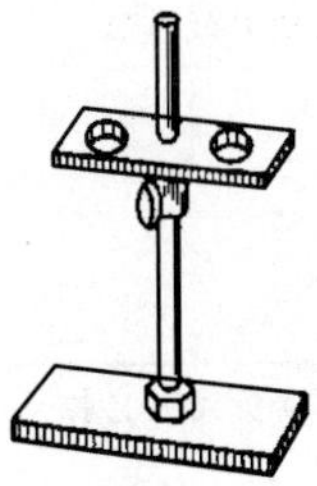 漏斗架	木质，用螺丝调节、固定上板位置	过滤时，上面放置漏斗，下面放置滤液盛接容器	
 吸滤瓶-布氏漏斗	布氏漏斗为瓷质或玻璃质，规格以直径(cm)表示。 吸滤瓶以容积(mL)表示	连接到水冲泵或真空系统中进行晶体或沉淀的减压过滤	①不能直接用火加热； ②漏斗和吸滤瓶大小要配套，滤纸直径要略小于漏斗内径； ③过滤前，先抽气，结束时，先断开抽气管与滤瓶连接处，然后再停止抽气，以防止液体倒吸

(续表)

名称及图示	材质、种类及规格	用　途	使用注意事项
 研钵	常见有玻璃质与瓷质。 规格以口径(cm)表示	用于混合、研磨固体物质	①不能作为反应容器，放入物质量不超过容积的1/3； ②易爆物质只能轻轻压碎，不能研磨； ③不能加热
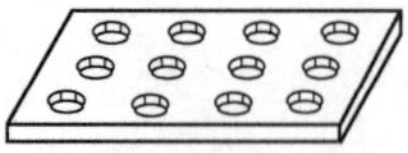 点滴板	上釉瓷质。 分黑、白两种。 规格按凹穴数目不同可分为多种	用于进行点滴反应，观察沉淀生成或颜色变化	不能加热
 水浴锅	铜或铝质 有多种规格	用于水浴加热	①受热器皿浸入锅中高度不应超过器皿自身高度的2/3； ②注意锅内水量，防止烧干； ③使用完毕，倒出剩余的水，擦干保存，避免腐蚀
 干燥器	玻璃质。 有普通干燥器和真空干燥器两种。 规格以外径(mm)表示	底层放干燥剂，用于保持样品或产物的干燥	①防止盖子滑动打碎； ②放入干燥器的物品温度不能过高
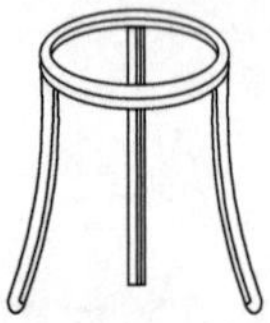 三脚架	铁质。 有大、小、高、低之分	作为仪器支撑；放置加热容器	需要受热均匀时，受热容器要先垫上石棉网
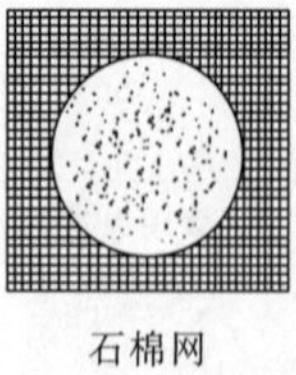 石棉网	由铁丝编制而成，其上面有石棉层。 规格以铁丝网边长(cm)表示	放置受热容器，使其受热均匀	不要卷折或洒上水
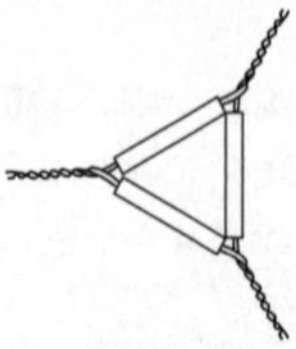 泥三角	由铁丝编成，外套耐热瓷管。 有大、小之分	用于放置直接加热的坩埚或小蒸发皿	①灼烧后不要洒上冷水； ②不能猛烈撞击，以免损坏瓷管

（续表）

名称及图示	材质、种类及规格	用　途	使用注意事项
坩埚	瓷质、石英质、铁质、镍质或铂质。 规格以容积（mL）表示	用于盛装被灼烧的固体；耐高温，可直接用火灼烧	不宜骤冷，热坩埚放在石棉网上稍冷却后再移入干燥器中存放
坩埚钳	铁质或铜合金质，表面镀铬。 有长短不一的各种规格	夹取高温下的坩埚或坩埚盖	必须先预热再夹取
铁架台、铁圈、夹子及十字夹（双顶丝）	夹子有铁质、铝质、铜质。 按用途可分为烧杯夹、烧瓶夹、铁架台夹、冷凝管夹等多种类型。 铁架台用高度（cm）表示； 铁圈以直径（cm）表示	用于固定仪器或放置容器；铁圈可代替漏斗架使用	①固定仪器时应使装置重心位于铁架台底座中部，以保持稳定； ②夹持仪器不宜过松； ③铁夹夹持的方向应与铁架台底座相同，防止重心偏离，装置翻倒
毛刷	按用途分为试管刷、滴定管刷、烧杯刷等多种。 规格以大小表示	洗刷玻璃仪器	①刷毛不耐碱，不宜浸在碱溶液中； ②若顶端脱毛则不宜使用

十一、化学试剂分类及等级

1.化学试剂分类

在化学试验、化学分析、化学研究及其他试验中使用的各种纯度等级的化合物或单质，称为化学试剂。GB/T 37885－2019《化学试剂　分类》按用途不同将化学试剂分为10大类，部分大类内按化学试剂特点和相互之间的内在联系，又划分为中类和小类，计95个中类，287个小类。见表0-6。

表 0-6　　化学试剂分类

大类号	大类名称	各大类包含的中类举例	中类数/个	小类数/个
1	基础无机化学试剂	单质、合金、无机酸、碱、单盐、复盐、元素的化合物及其溶液、其他基础无机化学试剂	8	78
2	基础有机化学试剂	脂肪烃、芳香烃、醇及金属化合物、酚及其盐、醚及冠醚、醛、酮和醌、羧酸和酸酐、羧酸盐、羧酸酯等	28	124
3	高纯化学试剂	高纯金属单质、高纯非金属单质、高纯盐类、高纯化合物、高纯酸、光学纯溶剂、无水级溶剂、农残级溶剂等	10	—
4	标准试剂/标准样品和对照品	标准物质/标准样品、对照品、标准溶液	3	24
5	化学分析用化学试剂	通用分析试剂、分析用制剂及制品、指示剂、试纸、快速检测用试剂及试剂盒、其他化学分析用化学试剂	6	9
6	仪器分析用化学试剂	柱色谱用试剂、薄层色谱用试剂、气相色谱用试剂、高效液相色谱固定相、高效液相色谱淋洗剂等	19	—
7	生命科学用化学试剂	生物化学标准物质、生物染色剂、层析用试剂、生物化学试剂、抗体、分子生物学试剂、细胞生物学试剂等	8	18
8	同位素化学试剂	稳定性同位素化学试剂、放射性同位素化学试剂	2	14
9	专用化学试剂	电子材料领域用化学试剂、光子和光学领域用化学试剂、微纳米材料领域用化学试剂、药典用化学试剂等	11	20
10	其他化学试剂	—	—	—

2.通用分析试剂的等级

无机化学实验室广泛使用的是通用分析试剂。通用分析试剂分为三个等级，GB 15346－2012《化学试剂　包装及标志》规定用不同标签颜色标记化学试剂的级别。见表0-7。

表 0-7　　我国通用分析试剂的等级与标记

等级名称	符号	标签颜色	适用范围	实例（GB /T 1397－2015《化学试剂 无水碳酸钾》）
优级纯	GR	深绿色	适用于精密的分析检验和科学研究	K_2CO_3含量，$\omega \geqslant 99.5\%$
分析纯	AR	金光红色	适用于重要的分析检验和科学研究	K_2CO_3含量，$\omega \geqslant 99.0\%$
化学纯	CP	中蓝色	适用于一般化学实验	K_2CO_3含量，$\omega \geqslant 98.0\%$

第二部分

无机化学实验

一、一般性实验

实验1　无机化学实验基本操作

1.1　实验目的

1.了解无机化学实验常用仪器的规格、用途及使用注意事项，能认识无机化学常用仪器；

2.掌握玻璃仪器洗涤和干燥方法，会洗涤、干燥常用玻璃仪器；

3.掌握化学试剂的取用与称量方法，会正确取用与称量固体、液体试剂；

4.了解无机化学实验室常见热源及加热操作方法，会进行固体及液体的加热操作。

1.2　无机化学基本操作

1.玻璃仪器的洗涤和干燥

(1)玻璃仪器的洗涤

化学实验所使用的仪器必须干净、无污染，否则将影响实验结果。根据污物的性质不同，玻璃仪器可用水、药剂等洗涤。

①振荡洗涤

振荡洗涤又称水冲洗。即向容器(如试管、烧杯等)内注入少于1/3容积的自来水，反复振荡，如图1-1(a)所示，然后把水倒掉，连续几次。该法适于对尘土及可溶性污物的洗涤。

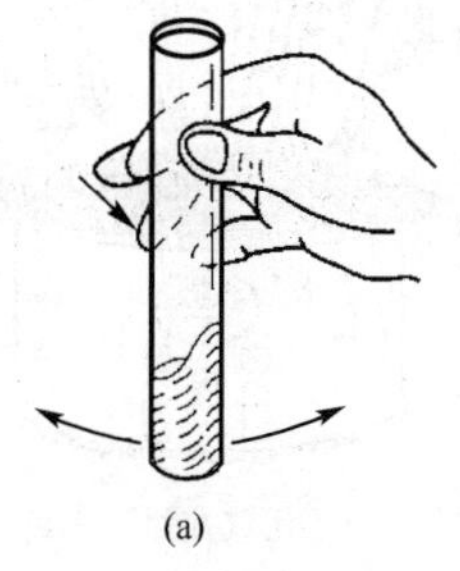
(a)

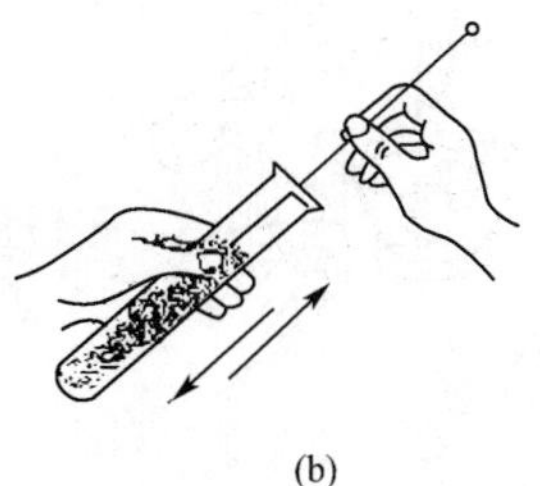
(b)

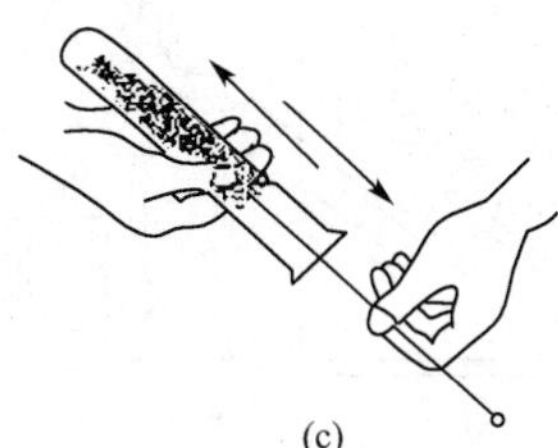
(c)

图1-1　试管的洗涤

②刷洗

若振荡洗涤不净，可向容器内注入 1/2 容积的自来水，选用合适的毛刷，转动或来回柔力刷洗，如图 1-1(b)所示。

若仍未洗净，可将水倒出，再用毛刷蘸洗衣粉或肥皂水(外壁也可用去污粉)刷洗。为避免弄脏衣物及实验台，刷洗时试管应向下倾斜，如图 1-1(c)所示。最后用自来水冲洗干净。

用毛刷刷洗玻璃仪器时用力不要过猛，以免捅坏仪器，扎伤皮肤。

③药剂洗涤

对用上述方法不能洗净的仪器以及一些口小、管细的仪器(如吸量管、滴定管等)，常用药剂浸泡，使污物溶解或反应除去。例如，铬酸洗液是常用药剂之一，它可洗去有机污物。洗涤时，先倾出玻璃仪器里的水，然后再注入少量铬酸洗液，倾斜仪器，直至内壁完全被洗液润湿，转动几圈(或浸泡一段时间)后将铬酸洗液倒回原瓶，最后用自来水冲洗。铬酸洗液有毒、腐蚀性强，要小心使用，避免溅出，用后应回收。

利用药剂还可以去除特殊污物。例如，MnO_2 污迹可用含有少量 $FeSO_4$ 的稀硫酸溶液去除；硫黄污迹可用 Na_2S 溶液或煮沸的石灰水去除；AgCl 污迹可用氨水或 $Na_2S_2O_3$ 溶液处理；沾有 I_2 时，可用 KI 洗液浸泡片刻，或加入稀的 NaOH 溶液温热之，或用 $Na_2S_2O_3$ 溶液除去；银镜反应后黏附的银或有铜附着时，可加入稀硝酸，必要时可稍微加热使其溶解；玻璃砂芯漏斗耐强酸，可用 HNO_3 溶液浸泡一段时间后，再用蒸馏水冲净。

玻璃仪器洗净的标志是：倒置时附在器壁上的水不能聚成水珠。

此时，需再用蒸馏水冲洗 2～3 次。凡已洗净的仪器，决不可再用布或纸擦拭。

(2)玻璃仪器的干燥

根据实验要求和仪器本身的特点，对洗净的仪器可以采用不同的方法干燥。

①晾干。将洗净的仪器倒置于干净的仪器柜内或沥水架上，让水分自然蒸发，如图 1-2 所示。

②烤干。耐热玻璃仪器可以直接烤干。如烧杯、蒸发皿可置于石棉网上小火烤干；试管可直接用酒精灯烤干，如图 1-3 所示，操作时要用试管夹夹持试管的中上部，然后使试管口向下倾斜，先从试管底部加热，来回移动试管，直至无水珠后，再将试管口向上，赶尽水汽。

③吹干。用气流烘干器(图 1-4)或电吹风将洗净的玻璃仪器吹干。

图 1-2 晾干　　图 1-3 烤干　　图 1-4 用气流烘干器吹干

④有机溶剂干燥法(快干法)。不能加热的厚壁仪器或带有刻度的仪器，可在洗净的仪器内加入适量的易挥发的水溶性有机溶剂(如乙醇、丙酮等)，倾斜转动润洗后倒出，则

残留在器壁上的混合物会很快挥发。此法若与吹干法并用，则干燥速度更快。

⑤烘干。洗净倾出水的仪器，可以放入电烘箱内烘干，温度控制在 105 ℃左右，放置时，仪器要倒置或口向下倾斜，或在烘箱下层放一瓷盘，盛接滴下的水珠。

2.化学试剂的取用与称量

取用化学试剂，必须核对好试剂瓶标签上的试剂名称、规格及浓度，然后按规定进行取用。通常，按试剂性状不同分为液体试剂的取用和固体试剂的取用两种。

(1)液体试剂的取用

液体试剂一般存放在滴瓶和细口瓶中。也可以用量筒取用液体试剂。

①从滴瓶中取用。提起滴管离开液面，捏紧胶头排出空气，将滴管插入试液中松手吸液，再取出滴管垂直悬空地放在盛接容器的上方(图 1-5)，轻捏滴加。

应当注意：滴管不能平放或倒置；不要接触盛接容器及实验台台面；一经用完，应立即将剩余试剂挤回原瓶，随即将滴瓶放回原处；滴管必须专用。

②从细口瓶中取用。采用倾注法。取下瓶塞并仰放实验台上，手握试剂瓶贴标签一侧，让试剂沿器壁(如试管、量筒等)(图 1-6)或玻璃棒(如烧杯、容量瓶等)(图 1-7)缓缓流入容器。取出所需量后，将试剂瓶口在容器或玻璃棒上轻靠一下，再逐渐竖起，以免试剂流到瓶外。一般试管取液体试剂不超过容量的 1/2，烧杯不超过 2/3。

图 1-5　用滴管滴加液体试剂　　图 1-6　向试管中倾注液体试剂　　图 1-7　向烧杯中倾注液体试剂

③用量筒取用。使用量筒可较准确量取液体试剂。量筒的规格有 10，25，50，100，250，500，1 000 mL 等，可根据需要选用。

取液时，先用倾注法估取试剂，应略少于取用体积，然后再用滴管滴加至所要求体积。若量取浸润玻璃的透明液体试剂，则读数时要放平量筒，视线与量筒内液体凹液面的最低处保持水平，如图 1-8 所示；若量取浸润玻璃的不透明液体试剂，则读数时要放平量筒，视线与量筒内液体凹液面的上缘相切。

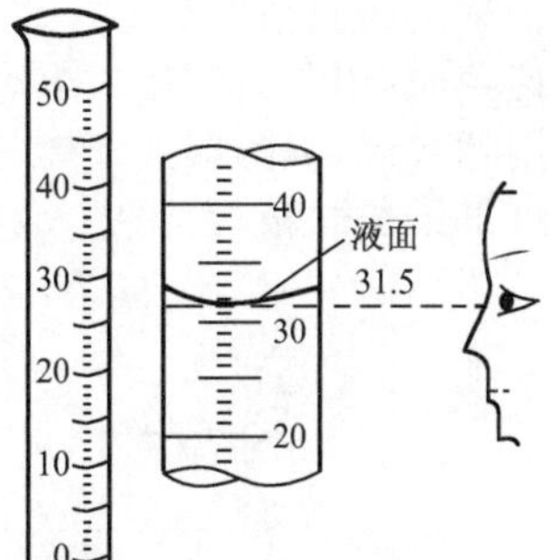

图 1-8　读取量筒内透明液体的体积

(2)固体试剂的取用与称量

①用药匙取用。药匙的两端分别为大、小两个匙，取较少固体试剂时，用小匙。药匙用后必须立即洗净、擦干。

往试管中加入固体试剂粉末时，应将试管倾斜，用药匙或纸槽将固体试剂送入试管底部(约 2/3 处)后再竖直试管，使药品全部落入管底，如图 1-9 所示。

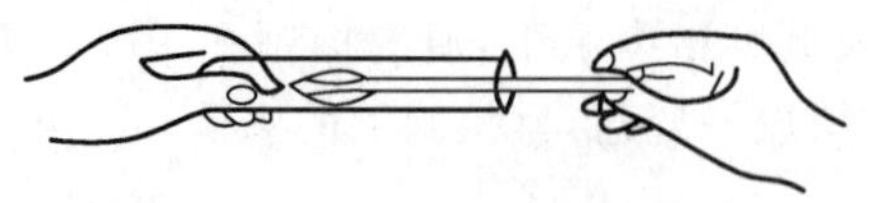
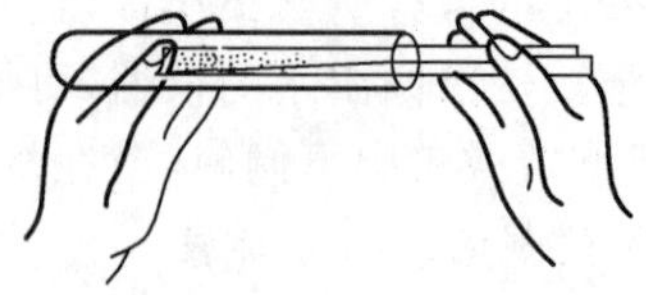

图 1-9　往试管中加入固体试剂粉末

颗粒较大的固体试剂可用研钵研磨成粉末状。块状固体试剂可用镊子夹取,使其沿倾斜的试管管壁缓慢滑下,以免打破试管。

多取的试剂不能放回原瓶,可放到指定容器供他人使用。

②用托盘天平(台秤)称量。常用托盘天平的构造如图 1-10 所示,它用于精度要求不高试剂的称量,一般能精确到 0.1 g。使用前,应将游码拨至标尺"0"刻线处,调节平衡螺母,使托盘天平平衡;称量时,要"左物右码",用镊子按"先大后小"的原则夹取砝码,最后使用游码。平衡时砝码值与标尺刻度之和,就是所称物质的质量。

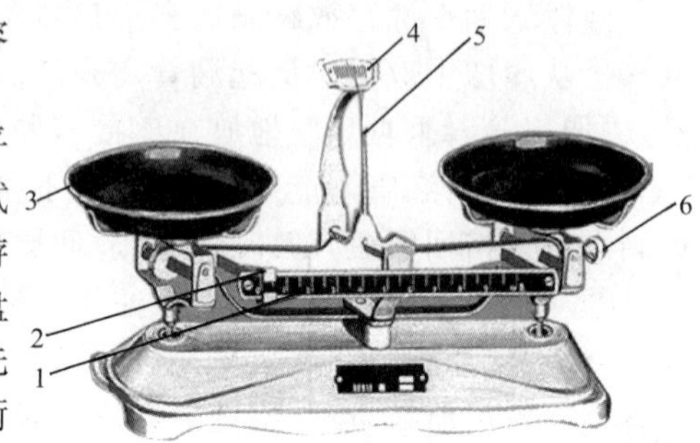

图 1-10　托盘天平

1—标尺;2—游码;3—托盘;4—分读盘;5—指针;6—平衡螺母

称量时必须注意:不允许将试剂直接放在托盘上称量。通常将试剂放在纸上称量,同时右侧也要放一张同样质量的纸张以配重;易潮解或腐蚀性试剂(如 NaOH)应放在已知质量的表面皿或小烧杯中称量;称量完毕,将砝码放回砝码盒,游码退回"0"位,再将托盘放在一侧或用橡皮圈架起,以免托盘天平摆动;要保持托盘天平整洁。

3.常用热源及加热操作

(1)常用热源

无机化学实验室常用的热源有灯焰热源和电设备热源两类。

①酒精灯　酒精灯是实验室常用的加热灯具,其加热温度为 400～500 ℃,适用于温度不需要太高的实验。

酒精灯的构造和灯焰分别如图 1-11、图 1-12 所示。其中,焰心温度最低,外焰温度最高,因此,要用外焰加热。

使用酒精灯时要注意:严禁用燃着的酒精灯去点燃另一只酒精灯;熄灭灯焰必须用灯帽盖灭,用磨口灯帽盖灭后,应再提起,重新盖上,避免冷却后产生负压而难以打开,切忌用嘴吹灭,以防回火爆炸;要借助漏斗向灯壶中添加酒精(图 1-13),决不可向燃着的酒精灯里添加酒精;使用中,酒精应保持在灯壶容量的 1/4～2/3。

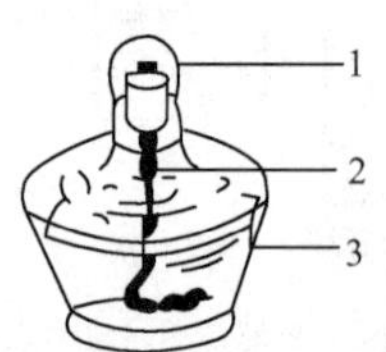

图 1-11　酒精灯的构造

1—灯帽;2—灯芯;3—灯壶

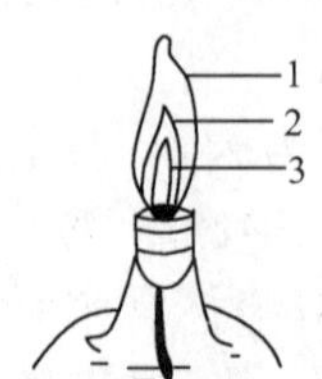

图 1-12　酒精灯的灯焰

1—外焰;2—内焰;3—焰心

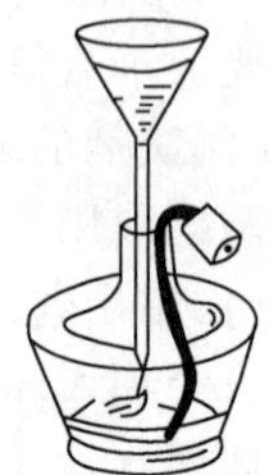

图 1-13　往酒精灯内添加酒精的方法

②酒精喷灯

酒精喷灯是获得较高温度的灯焰热源，灯焰温度高达 800～1 000 ℃。酒精喷灯有座式和挂式两种。图 1-14 所示为座式酒精喷灯。

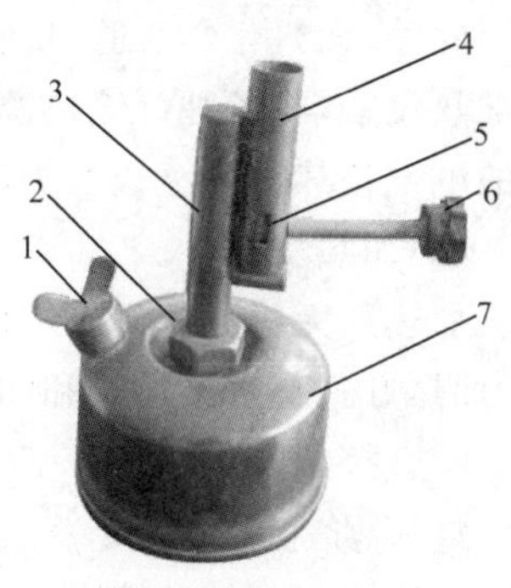

图 1-14 座式酒精喷灯

1—旋塞；2—预热盆；3—灯芯管；4—灯管；5—喷孔；6—空气调节开关；7—灯壶

● 座式酒精喷灯的使用方法

a.点火前的检查。装入约 200 mL 酒精，倒置 3～5 s，使灯芯浸泡酒精。此时，灯管底部的喷孔应被酒精润湿，否则，须用通针疏通喷孔。

b.点火。将喷灯放在大石棉网或石棉板上，将预热盆注满酒精(勿溢出)，然后点燃。当灯芯管内酒精汽化并从喷孔中喷出时，预热盆内燃着的火焰会将其点燃，有时也需用火柴点燃。

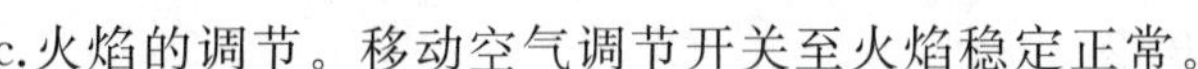

c.火焰的调节。移动空气调节开关至火焰稳定正常。

d.熄灭。用石棉网或小木块盖住灯管口，使其停止燃烧。

使用挂式酒精喷灯时，要先打开灯壶下的开关；熄灭时应先关闭灯壶下的开关，再关紧空气调节开关。

● 座式酒精喷灯的使用注意事项

酒精不可装得过满，否则酒精不易汽化，燃烧时将出现“火雨”现象；经两次预热仍不能点燃时，应暂时停止使用，检查接口处是否漏气(可用火柴点燃检视)，喷孔是否堵塞(用通针疏通)和灯芯是否完好(灯芯烧焦、变细即应更换，待修好后再使用)；连续使用不得超过 30 min，以免因灯壶内酒精过少而使灯芯烧焦，影响下次使用；需要添加酒精时，一定要灭火冷却后进行；使用中如发现灯壶底部凸起或有渗漏现象，要立即停止使用，以免造成事故；喷灯用毕冷却后，应将酒精倒出。

点燃挂式酒精喷灯前，必须充分灼热灯管，还要使旋塞处于微开状态，防止酒精呈液柱状喷出造成“火雨”，引起火灾。

③煤气喷灯

煤气喷灯也是无机化学实验室常用的灯焰热源，其最高温度可达 1 550 ℃。

煤气喷灯由灯管和灯座构成(图 1-15)。灯管下部有螺旋与灯座相连，旋转灯管即可不同程度开启或关闭空气入口，以调节空气的进入量。煤气入口的另一侧(或下方)的螺旋形针阀用以调节煤气的进入量。

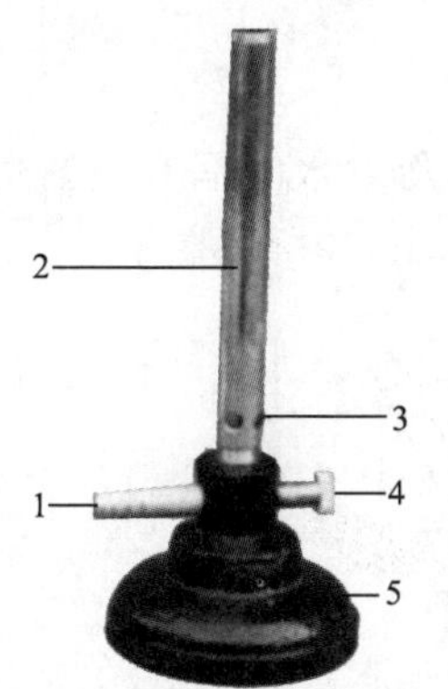

图 1-15 煤气喷灯的构造

1-煤气入口；2-灯管；3-空气入口；4-螺旋形针阀；5—灯座

使用时，先关闭空气入口，点燃火柴靠近灯管口，再开启螺旋形针阀，逐渐加大空气量至火焰正常。正常燃烧时，火焰呈不光亮的圆锥形，由内到外依次为焰心、还原焰和氧化焰，其中还原焰与氧化焰的交界处温度最高，可达 1 550 ℃。若煤气或空气进入量控制不当，会出现“临空火焰”或“侵入火焰”。此时，应将煤气喷灯关闭，待冷却后，再重新点燃。

此外,无机化学实验室还常用到电设备热源。电设备热源是一种将电能转变为热能的加热设备,与各种灯焰热源相比,它具有加热均匀、使用方便、干净等优点。实验室常使用的电设备热源有盘式电炉(常与调压器配合使用,以调节输出功率)、电热包、电热板等。

(2)加热操作

加热是无机化学实验中的一项重要操作。例如,溶解、熔化、升华、蒸发等常需要加热,加热方式有直接加热和间接加热两种。

①直接加热

烧杯、烧瓶、试管、瓷蒸发皿等都可以作为直接加热的容器,但不能骤热或骤冷,加热前必须将器皿的外壁擦干,加热后不能立即与湿物体接触,以免炸裂。

● 液体的直接加热。加热烧杯、烧瓶中的液体时,烧杯、烧瓶必须放在石棉网上(图 1-16),否则易受热不均而破裂。加热试管中的液体,液体量不宜超过试管容积的 1/3,用试管夹夹住距试管口 1/4 处,试管倾斜约 45°,试管口不要对人,先加热液体中上部,再不停地移动试管,以免局部沸腾使液体溅出(图 1-17)。

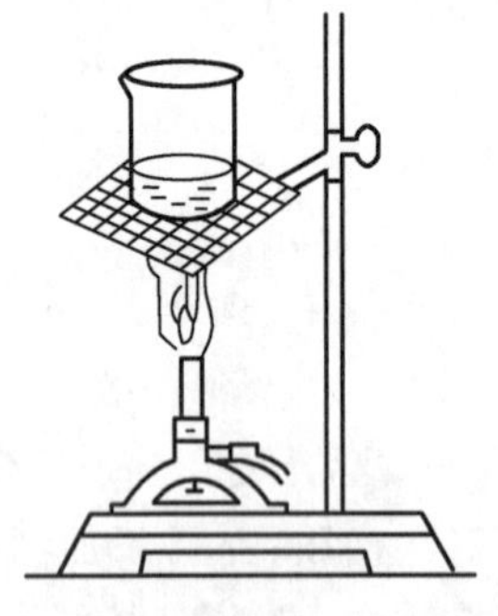

图 1-16　加热烧杯中的液体

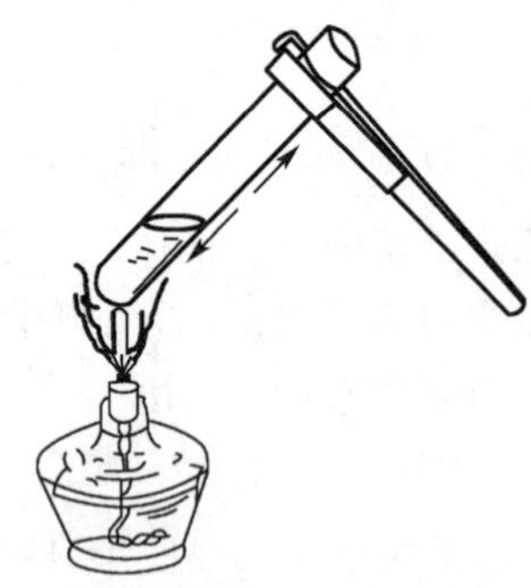

图 1-17　加热试管中的液体

● 固体的直接加热。要选择硬质试管,将固体(块状固体要先研碎)在试管底部铺匀,试管口略向下倾斜,固定在铁架台上,夹持位置约距试管口 1/4(图 1-18),加热时先来回移动灯焰预热,再固定加热盛有固体的部位。

②间接加热

间接加热是恒温加热和蒸发的基本方法,如水浴、油浴、沙浴等。水浴锅有电热恒温水浴锅、铜质水浴锅等,无机化学实验中常用烧杯代替水浴锅,如图1-19所示。

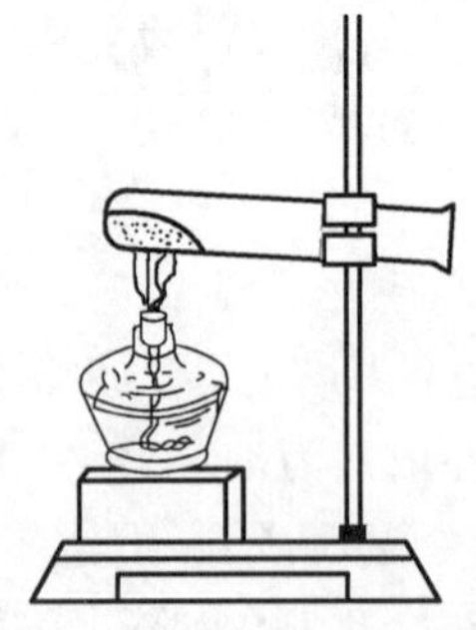

图 1-18　加热试管中的固体

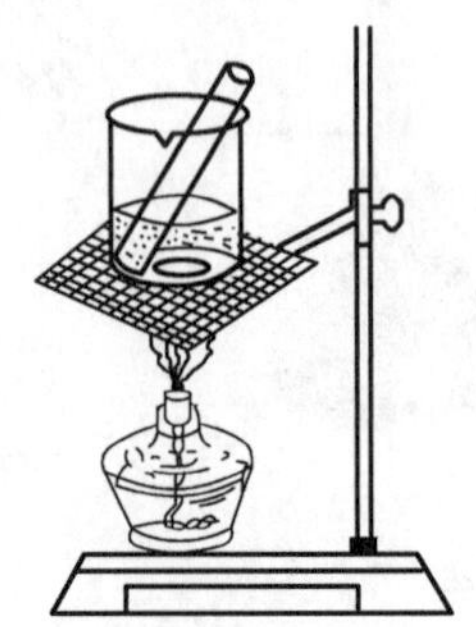

图 1-19　水浴加热

1.3　仪器与试剂

1.仪器

常用仪器一套(成套配备的仪器通常包括试管、烧杯、量筒、表面皿、洗瓶、玻璃棒、酒精灯、三脚架、铁架台、铁圈、石棉网、毛刷、试管架、试管夹、滴管、镊子、药匙等),酸式、碱式滴定管(各 1 支),吸量管(1 支),托盘天平(1 台),电吹风(1 个)。

2.试剂

Na_2CO_3 溶液(20%),$CuSO_4 \cdot 5H_2O$ (CP,固),铬酸洗液。

1.4　实验内容

1. 检查仪器

根据实验室提供的仪器登记表,对照检查仪器的完好性,认识各种仪器的名称和规格,然后分类摆放整齐。

2.玻璃仪器的洗涤

(1)水冲洗、刷洗法练习

依次用水冲洗、刷洗法洗涤普通试管、离心试管、烧杯、锥形瓶、烧瓶各 1 个。洗净后,再用蒸馏水冲洗 2~3 次。

(2)洗涤酸式、碱式滴定管各 1 支

洗涤酸式滴定管时,先用自来水冲洗,然后左手持其上端,使其自然垂直,用右手倒入约 10 mL 20% Na_2CO_3 溶液(或合成洗涤剂溶液、热肥皂液),然后两手手心向上倾斜横持,转动润洗,倒出洗涤液后先用自来水洗净,再用蒸馏水冲洗 2~3 次。若仍不干净也可选用铬酸洗液浸泡洗涤。

碱式滴定管的洗涤方法略有不同,为防乳胶管被腐蚀,洗涤时可先取下乳胶管,再倒置用洗耳球吸入洗涤液浸洗。

(3)洗涤 1 支吸量管

如图 1-20 所示,右手拇指和中指捏住近管口处,将吸量管插至烧杯内洗涤液液面下 15~20 mm 处。左手拿洗耳球,排出空气后对准吸量管管口,按紧。然后慢慢松开手指吸液,当吸入液体为管内容积的 1/3 时,迅速移离洗耳球,随即用右手食指按紧管口,将吸量管提离液面并双手横持转动润洗,最后从吸量管下口放出洗涤液。同样操作方法,用自来水将吸量管洗干净。再用蒸馏水冲洗 2~3 次。

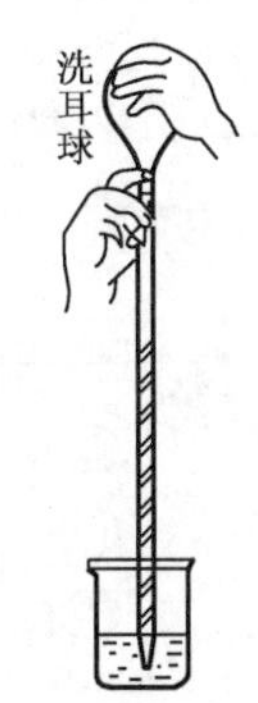

图 1-20　吸取液体

3.玻璃仪器的干燥

(1)将洗净的离心试管、锥形瓶、烧瓶放入烘箱中,温度控制在 105 ℃左右,恒温 30 min,也可倒插在气流烘干器上干燥。

(2)将洗净的滴定管倒夹在滴定管夹上,自然晾干。

(3)将洗净的普通试管用酒精灯烤干。

(4)将洗净的烧杯用电吹风吹干。

4.玻璃仪器的加热

(1)加热试管中的水至沸腾。

(2)在干燥的试管中放入半匙固体 $CuSO_4 \cdot 5H_2O$,将试管固定在铁架台上,按操作规程加热。待晶体变为白色时,缓慢撤火停止加热。当试管冷却至室温时,加入 3～5 滴水,观察颜色变化。

5.试剂的取用和称量

(1)用滴管吸取水,试确定 1 mL 水有几滴。

(2)选择合适的量筒量取 5 mL 和 15 mL 水,分别倾入试管或沿玻璃棒倾入 100 mL 烧杯中。

(3)用托盘天平称量一个表面皿,记录其质量。

1.5 问题与讨论

1.如何洗涤烧杯、试管、滴定管及吸量管？洗净的标志是什么？

2.常见灯焰热源有哪些？使用酒精灯时应注意什么？

3.哪些仪器可用烤干法干燥？如何烤干玻璃试管？

4.往试管中加入固体试剂粉末,应如何操作？

5.如何正确使用滴管？

6.用量筒量取液体时应如何读数？

7.试述托盘天平的构造及使用注意事项。

8.电热恒温干燥箱应如何使用？

附 电热恒温干燥箱的使用

电热恒温干燥箱(简称烘箱)是使用电热丝隔层加热使物体干燥的设备(图1-21)。

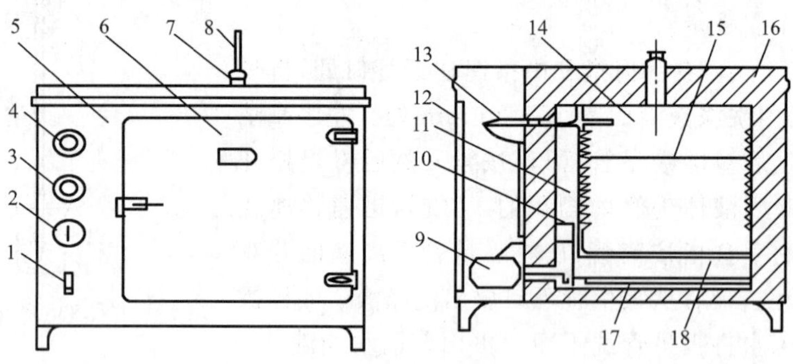

图 1-21 电热恒温干燥箱

1—鼓风开关;2—加热开关;3—指示灯;4—控温器旋钮;5—箱体 ;6—箱门;
7—排气阀;8—温度计;9—鼓风电动机;10—隔板支架;11—风道;12—侧门;
13—温度控制器;14—工作室;15—试样隔板;16—保温层;17—电热器;18—散热板

电热恒温干燥箱适用于 50～300 ℃的恒温烘焙、干燥、热处理等,常用的温度是 100～150 ℃,灵敏度通常为±1 ℃。一般由箱体、电热系统和自动恒温控制系统三个部分组成。其电热系统一般由两组电热丝构成:一组为恒温电热丝,受温度控制器控制;另一组为辅助电热丝，用于短时间内升温和 120 ℃以上的辅助加热。

烘箱的使用方法及注意事项包括：

(1)通电前应检查是否断路、短路，箱体接地是否良好，要确保操作安全。

(2)工作室下层应放一搪瓷盘，以防欲干燥的玻璃仪器沥水不净，将水滴到电热丝上。

(3)在箱顶排气阀上孔插入温度计，旋开排气阀，接通电源。

(4)空箱通电试验。开启加热开关，当控温器旋钮在 0 位置时，绿色指示灯亮，表示电源接通；将控温器旋钮顺时针旋至某一位置时，绿色指示灯熄灭的同时红色指示灯亮，表示电热系统已通电加热，箱内升温；再把控温器旋钮旋回至红灯熄灭而绿灯再亮，说明烘箱工作正常，可以投入使用。

(5)温度的控制。调节控温器旋钮，使箱内温度上升，当升至所需温度时，调节控温器旋钮至红、绿指示灯交替明暗，即能自动控温。此时须再微调几次，稳定至所需工作温度。为防止仪器失灵，恒温后仍须有人经常照看，不可远离。

(6)恒温后根据需要可关闭辅助加热部分，以免功率过大，影响温度控制的灵敏度。

(7)升温时要打开鼓风开关，并连续使用。

(8)开启外箱门，即可透过内门观察工作室内干燥物品的情况。箱门以少开为宜，以免影响恒温。工作温度较高时不要开启箱门，以防玻璃门因骤冷而破裂。

(9)易燃、易爆、易挥发及有腐蚀性、有毒物品禁止放入烘箱，以免发生事故。

(10)停止使用时，应及时切断电源，确保安全。

实验 2　溶液的配制

2.1　实验目的

1.掌握容量瓶的使用方法，能熟练使用托盘天平、量筒、移液管；

2.掌握一定质量分数、物质的量浓度溶液的配制方法和基本操作，会配制一般溶液。

2.2　实验原理方法

在化学实验中，常常需要配制各种溶液来满足不同实验的要求。如果实验对溶液浓度的准确性要求不高，那么利用托盘天平、量筒及带刻度烧杯等低准确度的仪器进行配制就可以满足要求；若准确性要求较高，则必须使用分析天平、移液管、容量瓶等高准确度的仪器配制溶液。

不同组成溶液的计算方法及配制步骤如下：

1.由固体试剂配制溶液

(1)配制一定质量分数的溶液

按式(2-1)计算出配制一定质量分数溶液所需固体试剂的质量。用托盘天平称取试剂，倒入烧杯；再用量筒量取所需蒸馏水，倒入烧杯，搅拌，使固体完全溶解，即得所需溶液。将溶液倒入试剂瓶中，贴上标签，备用。

$$m=m_{\mathrm{A}}+m_{\mathrm{B}} \tag{2-1}$$

$$\omega_{\mathrm{B}}=\frac{m_{\mathrm{B}}}{m} \tag{2-2}$$

式中　m——溶液的质量，g。

m_A——溶剂的质量，g；

m_B——溶质的质量，g；

ω_B——溶质的质量分数，%；

若溶剂为水，由于室温下水的密度约为 1 g/mL，则水的质量(g)与体积(mL)在数值上相等。

(2)配制一定物质的量浓度的溶液

配制方法同(1)。其中，溶质的质量为

$$m_B = c_B V M_B \tag{2-3}$$

式中　c_B——溶剂的物质的量浓度，mol/L；

V——溶液的体积，L；

M_B——溶质的摩尔质量，g/mol。

2.由液体试剂(或浓溶液)配制溶液

(1)配制一定质量分数的溶液

混合已知质量分数的两种溶液(包括用溶剂稀释原溶液)，可用十字交叉法进行有关计算。设混合前 $\omega_1 > \omega_2$，则混合后有 $\omega_1 > \omega > \omega_2$，此时两种溶液的质量比可用式(2-4)计算。

m_1 ω_1 ↘ ↗ $\omega-\omega_2$

ω

m_2 ω_2 ↗ ↘ $\omega_1-\omega$

$$\frac{m_1}{m_2} = \frac{\omega - \omega_2}{\omega_1 - \omega} \tag{2-4}$$

应用示例如下所示：

取 20 份 85%溶液与 25 份 40%溶液混合　　取 25 份 35%溶液与 10 份溶剂混合

配制时应先加水或稀溶液，然后加浓溶液，搅拌，将溶液转移到试剂瓶中，贴上标签，备用。

(2)配制一定物质的量浓度的溶液

浓溶液体积的计算公式为

$$V_1 = \frac{c_2 V_2}{c_1} \tag{2-5}$$

式中　c_1——浓溶液的物质的量浓度，mol/L；

V_1——所取浓溶液的体积，L；

c_2——所配溶液的物质的量浓度，mol/L；

V_2——所配溶液的体积，L。

①粗略配制。计算配制一定体积和物质的量浓度的溶液所需浓溶液的体积；用量筒量取所需的浓溶液，让试剂沿玻璃棒缓缓流入盛有少量蒸馏水的有刻度的烧杯中，搅拌

(若溶液在稀释的过程中放热,则需冷却至室温);再用水稀释至刻度,搅拌均匀,移入试剂瓶中,贴上标签,备用。

②准确配制。先计算所需的浓溶液体积,然后用移液管吸取所需溶液,注入给定体积的容量瓶中,再加蒸馏水至标线处,摇匀,倒入试剂瓶中,贴上标签,备用。

2.3 仪器与试剂

1.仪器

烧杯(50 mL,100 mL,各 1 个),移液管(5 mL,1 支),容量瓶(100 mL,1 个),量筒(50 mL,100 mL,各 1 个),试剂瓶,托盘天平(1 台)。

2.试剂

$CuSO_4 \cdot 5H_2O$(固),NaOH(CP,固),H_2SO_4 溶液(CP,98%),HAc 溶液(2.000 mol/L),HCl 溶液(37%),CH_3CH_2OH 溶液(95%)。

2.4 实验内容

1. 由固体试剂配制溶液

(1)用氢氧化钠固体粗略配制 100 mL 20 g/L NaOH 溶液。

(2)用硫酸铜晶体粗略配制 100 mL 0.2 mol/L $CuSO_4$ 溶液。

注意:用玻璃棒搅拌溶液时,应手持玻璃棒以腕部均匀转动,勿使玻璃棒接触烧杯,以防碰破烧杯,如图 2-1 所示。

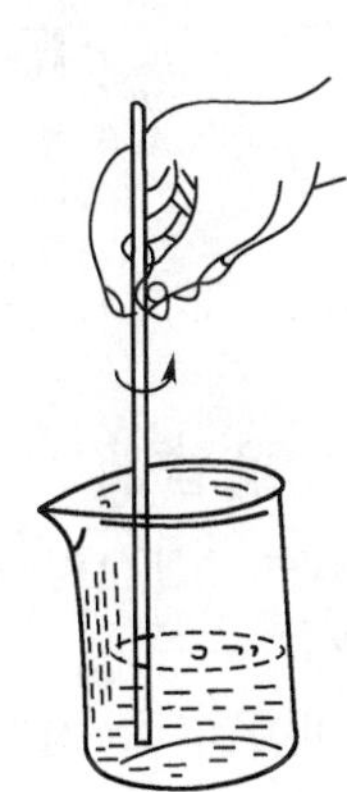

图 2-1 溶液的搅拌

2. 由浓溶液配制溶液

(1)用浓硫酸粗略配制 100 mL 3 mol/L H_2SO_4 溶液。

(2)由已知准确浓度的 2.000 mol/L HAc 溶液配制 100 mL 0.200 0 mol/L HAc 溶液。

(3)配制 75%乙醇溶液。

2.5 问题与讨论

(1)由固体粗略配制一般溶液,应选用哪些仪器?

(2)由浓溶液粗略配制一般溶液,应选用哪些仪器?准确配制时应选用哪些仪器?

(3)配制硫酸溶液时,烧杯中应先加水还是先加酸,为什么?应如何操作?

(4)用容量瓶配制溶液时是否应先将容量瓶干燥?是否要用被稀释溶液润洗?为什么?

(5)怎样洗涤移液管?移液管在使用前还需用吸取的溶液再润洗吗?为什么?

附 容量瓶的使用

容量瓶是准确配制一定体积溶液的仪器。它是细颈梨形的平底玻璃瓶,带有磨口塞或塑料塞,瓶颈上刻有环形标线,在特定温度(一般为 20 ℃)下,当溶液充满至标线时,所容纳液体的体积为瓶上所标示的体积。常用容量瓶的规格有 25,50,100,250,500,1 000 mL等,有无色和棕色两种。

容量瓶在使用前要先试漏,往瓶中加注自来水至标线附近,把瓶口、瓶塞擦净并盖好瓶塞,用食指按住瓶塞,另一只手托住瓶底,如图 2-2(a)所示,将容量瓶倒置 2 min,然后用滤纸擦拭瓶口,若不漏水,将瓶塞旋转 180°塞紧,再试一次,仍不漏水才能使用。

洗净的容量瓶倒出水后,内壁应不挂水珠。否则,需用洗涤液浸泡洗涤,再依次用自来水、蒸馏水洗净,但不能刷洗。

配制溶液时，要先将称量好的固体(或量取好的液体)试样在烧杯中溶解(或稀释)；待恢复至室温后，才能将溶液转移至容量瓶中，如图 2-2(b)所示。移液时玻璃棒的下端靠住容量瓶瓶颈内壁，上端不碰瓶口，以免溶液溢出，待溶液全部流完后，将烧杯嘴紧靠玻璃棒向上慢慢提起，直立烧杯，使附在烧杯嘴上的少许溶液流入烧杯，再将玻璃棒放回烧杯内，然后用少量蒸馏水冲洗玻璃棒和烧杯内壁，并按上述方法转移至容量瓶中，如此重复 5～6 次(每次 5～6 mL)；加注蒸馏水至距标线 1～2 cm 时，改用滴管(或洗瓶)定容至弯液面下缘与标线相切；盖好瓶塞，用如图 2-2(a)所示的手法反复倒转，摇匀溶液。

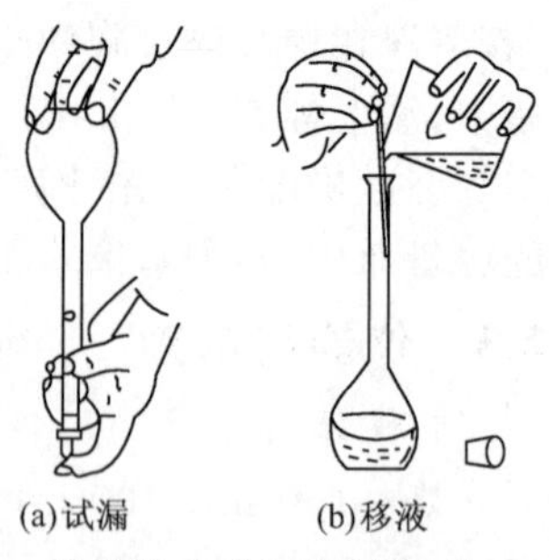

图 2-2 容量瓶的使用方法

容量瓶不宜长时间存放溶液，如需保存溶液应转移到洁净、干燥(或用少量该溶液刷洗 3 次后)的试剂瓶中；容量瓶用毕应立即洗净，如长期不用，应擦干磨口，用纸片将瓶口、瓶塞隔开，以免久置黏结。

实验 3 化学反应速率和化学平衡

3.1 实验目的

1.理解浓度、温度、催化剂对反应速率的影响，能归纳总结外界条件对反应速率的影响规律；

2.理解浓度、温度对化学平衡移动的影响，能用勒夏特列原理加以解释；

3.掌握水浴恒温操作及秒表的使用方法，会根据实验数据做图。

3.2 实验原理

化学反应速率是指在一定条件下，反应物转变为生成物的速率。化学反应速率常用单位时间内反应物浓度的减少或生成物浓度的增加来表示。

化学反应速率首先与化学反应的性质有关，此外还受浓度、温度、催化剂等外界条件的影响。

碘酸钾和亚硫酸氢钠在水溶液中发生反应

$$2KIO_3 + 5NaHSO_3 \longrightarrow Na_2SO_4 + 3NaHSO_4 + K_2SO_4 + I_2 + H_2O$$

反应中生成的碘(I_2)遇淀粉变成蓝色。如果在反应物中预先加入淀粉作指示剂，则淀粉变蓝色所需时间 t 的长短，可用来表示反应速率的大小。本实验中固定亚硫酸氢钠的浓度，可以得到一系列与不同浓度碘酸钾对应的淀粉变蓝所需时间 t，将碘酸钾浓度对 $1/t$ 作图，即得一直线。

温度可显著影响化学反应速率，对大多数化学反应来说，温度升高，反应速率增大。

催化剂可大大改变化学反应速率，催化剂与反应系统处于同相时，称为均相(或单相)催化。在 $KMnO_4$ 和 $H_2C_2O_4$ 的酸性混合溶液中，加入 Mn^{2+} 可增大反应速率。其反应速率可由 $KMnO_4$ 的紫红色褪去时间来指示。

$$2KMnO_4 + 5H_2C_2O_4 + 3H_2SO_4 \longrightarrow 2MnSO_4 + 10CO_2\uparrow + K_2SO_4 + 8H_2O$$

催化剂与反应系统不处于同相时，称为多相催化。例如，H_2O_2 溶液在常温下不易分解放出氧气，若加入催化剂 MnO_2，则 H_2O_2 分解速率明显增大。

$$2H_2O_2 \xrightarrow{MnO_2} 2H_2O + O_2\uparrow$$

在可逆反应中，当正、逆反应速率相等时即达到化学平衡。改变平衡系统的条件如浓度、气体压力或温度时，会使平衡发生移动。根据勒夏特列原理，当改变平衡系统的条件时，平衡就向着减弱这个改变的方向移动。

如 $CuSO_4$ 水溶液中，Cu^{2+} 以水合离子形式存在，$[Cu(H_2O)_4]^{2+}$ 呈蓝色，当加入一定量 Br^- 后，会发生反应

$$[Cu(H_2O)_4]^{2+} + 4Br^- \rightleftharpoons [CuBr_4]^{2-} + 4H_2O$$

$[CuBr_4]^{2-}$ 为黄色。改变反应物或生成物浓度，会使平衡移动，从而使溶液改变颜色。

该反应为吸热反应，升高温度会使平衡向右移动，降低温度平衡则向左移动，同时，温度变化会使溶液颜色发生变化。

3.3 仪器与试剂及材料

1.仪器

秒表（1 块），温度计（100 ℃，1 支），量筒（10 mL 和 100 mL 各 2 个），烧杯（100 mL，6 个；400 mL，2 个），NO_2 平衡仪（1 架）。

2.试剂及材料

MnO_2（固），H_2SO_4 溶液（2 mol/L，3 mol/L），$H_2C_2O_4$ 溶液（0.05 mol/L），KIO_3 溶液（0.05 mol/L），$NaHSO_3$ 溶液（0.05 mol/L，带有淀粉），$KMnO_4$ 溶液（0.01 mol/L），$MnSO_4$ 溶液（0.1 mol/L）；$FeCl_3$ 溶液（0.1 mol/L），NH_4SCN 溶液（0.1 mol/L），K_2CrO_4 溶液（0.1 mol/L），H_2O_2 溶液（3%），碎冰。

3.4 实验内容

1.浓度对反应速率的影响

用量筒准确量取 10 mL 0.05 mol/L $NaHSO_3$ 溶液和 35 mL 蒸馏水，倒入 100 mL 小烧杯中，搅拌。用另一量筒准确量取 5 mL 0.05 mol/L KIO_3 溶液，将量筒中的 KIO_3 溶液迅速倒入盛有 $NaHSO_3$ 溶液的小烧杯中，立刻用秒表计时，并搅拌溶液，记录溶液变为蓝色的时间，填入表 3-1 中。

用同样方法依次按表 3-1 中的编号顺序进行实验。

2.温度对反应速率的影响

在一个 100 mL 的小烧杯中混合 10 mL 0.05 mol/L $NaHSO_3$ 溶液和 35 mL 蒸馏水。取 1 支试管加入 5 mL 0.05 mol/L KIO_3 溶液，将小烧杯和试管同时水浴加热到比室温高出约 10 ℃（若实验时室温高于 30 ℃，则用冰浴代替水浴，温度比室温低约 10 ℃），恒温 3 min 左右。将 KIO_3 溶液倒入 $NaHSO_3$ 溶液中，立即计时，并搅拌溶液，记录溶液变为蓝色的时间，填入表 3-2。

3.催化剂对反应速率的影响

（1）均相催化

在一支试管中加入 3 mol/L H_2SO_4 溶液 1 mL，0.1 mol/L $MnSO_4$ 溶液 10 滴，0.05 mol/L 草酸溶液 3 mL；在另一支试管中加入 3 mol/L H_2SO_4 溶液 1 mL，蒸馏水 10 滴，0.05 mol/L 草酸溶液 3 mL。然后向两支试管中各加入 3 滴 0.01 mol/L $KMnO_4$ 溶液，摇匀，观察并比较两支试管中紫红色褪去的时间。

(2)多相催化

在试管中加入3% H_2O_2 溶液1 mL,观察是否有气泡产生,然后向试管中加入少量 MnO_2 粉末,观察是否有气泡放出,并检验是否为氧气。

4.浓度对化学平衡的影响

(1)在小烧杯中加入10 mL 蒸馏水,然后加入0.1 mol/L $FeCl_3$ 及0.1 mol/L NH_4SCN 溶液各2滴,得到浅红色溶液。即发生反应

$$Fe^{3+} + nSCN^- \rightleftharpoons [Fe(SCN)_n]^{3-n} \quad (n=1\sim6)$$

将所得溶液等分于两支试管中,在第一支试管中逐滴加入0.1 mol/L $FeCl_3$ 溶液,观察颜色的变化,同时与第二支试管中的颜色比较,并说明浓度对化学平衡的影响。

(2)取2 mL 0.1 mol/L K_2CrO_4 溶液加入试管中,然后滴加2 mol/L H_2SO_4 溶液,当溶液由黄色变为橙色时,再往试管中逐滴加入2 mol/L NaOH 溶液,观察溶液颜色变化,并说明原因。

5.温度对化学平衡的影响

(1)在试管中加入1 mol/L $CuSO_4$ 溶液1 mL 和2 mol/L KBr 溶液1 mL,混匀,分装于3支试管中。将第一支试管加热至近沸腾,第二支试管放入冰水槽中,第三支试管保持室温,比较3支试管中溶液的颜色,并加以解释。

(2)取一架 NO_2 平衡仪,其中有二氧化氮和四氧化二氮气体处于平衡状态,它们之间的平衡关系为

$$2NO_2(g) \rightleftharpoons N_2O_4(g) \qquad \Delta_r H_m^\ominus(298\ K) = 58.2\ kJ/mol$$

NO_2 气体为红棕色气体,N_2O_4 为无色气体,气体混合物的颜色视二者的相对含量不同,可从浅红棕色至红棕色。

如图3-1所示,将 NO_2 平衡仪的一个玻璃球浸入热水中,另一个玻璃球浸入冰水中,观察两个玻璃球中气体颜色的变化,指出平衡移动的方向,并用勒夏特列原理加以解释。

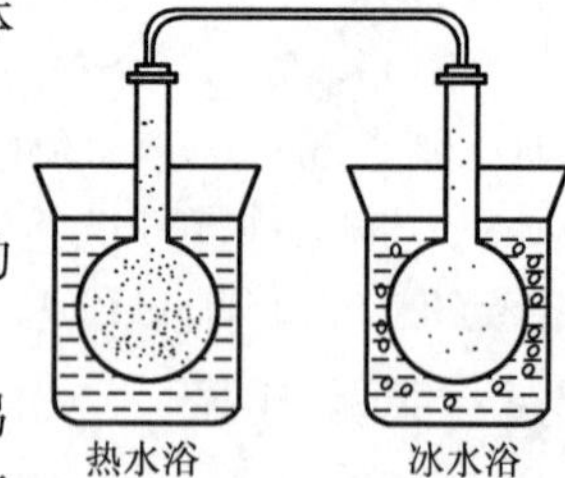

图3-1 温度对化学平衡的影响

3.5 数据记录与处理

表3-1 **浓度对反应速率的影响**

实验编号	$NaHSO_3$ 体积/mL	KIO_3 体积/ mL	溶液变蓝时间 t/s	$\frac{1}{t}$/s^{-1}	$c(KIO_3)$/($mol \cdot L^{-1}$)
1	10	5			
2	10	10			
3	10	15			
4	10	20			
5	10	25			

室温________℃

用描点法将碘酸钾浓度对 $1/t$ 作图。

表3-2 **温度对反应速率的影响**

实验编号	$NaHSO_3$ 体积/mL	KIO_3 体积/mL	实验温度/℃	溶液变蓝时间 t/s
1				
2				

3.6 问题与讨论

1.影响化学反应速率的因素有哪些?

2.在本实验中,如何验证浓度、温度、催化剂对反应速率的影响?

3.在 H_2O_2 分解反应中如何检验氧气的生成?

4.如何应用勒夏特列原理解释浓度、温度对化学平衡移动方向的影响?

5.根据 NO_2 和 N_2O_4 的平衡实验说明,升高温度时,$p(N_2O_4)$,$p(NO_2)$及 $K^\ominus$将如何变化,平衡将向什么方向移动?

附 秒表的使用

秒表是准确测量时间的仪器。如图 3-2 所示,实验室常用的是一种有两个指针的秒表,长针为秒针,短针为分针,表盘上有两圈刻度,分别表示秒针与分针的数值,秒针转一周为 30 s,分针转一周为 15 min,读数可准确到 0.01 s。表的上端有柄头,其作用是旋紧发条、启动秒表和停止秒表。

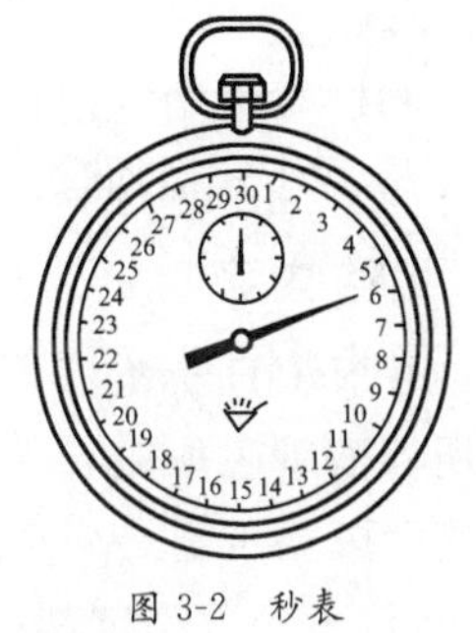

图 3-2 秒表

使用时先旋紧发条,用手握住表体,用拇指或食指轻按柄头,即可启动秒表,若再按柄头,秒表即停止,便可读数。第三次按柄头时,秒针与分针即返回零点,准备下一次使用。

实验 4 醋酸解离常数的测定

4.1 实验目的

1.掌握测定醋酸解离常数的方法,加深对解离度的理解,会正确使用酸度计(pH 计);

2.掌握滴定管、移液管的使用方法,能正确使用滴定管、移液管;

3.熟练容量瓶的操作。

4.2 实验原理

醋酸(CH_3COOH,或简写成 HAc)是弱电解质,在溶液中部分解离。若 HAc 的分析浓度为 c,解离度为 α,则

$$HAc \rightleftharpoons H^+ + Ac^-$$

平衡浓度/($mol \cdot L^{-1}$) $\quad c(1-\alpha) \quad c\alpha \quad c\alpha$

在一定温度下,达到解离平衡时,有

$$K_a^\ominus = \frac{[Ac^-][H^+]}{[HAc]} = \frac{c\alpha \cdot c\alpha}{c(1-\alpha)} \tag{4-1}$$

醋酸溶液的分析浓度 c 可以用 NaOH 标准滴定溶液测得。

在一定温度下的$[H^+]$可通过测定醋酸溶液的 pH 计算得出。

再从$[H^+]=[Ac^-]$,$[HAc]=c-[H^+]$关系式求出$[Ac^-]$和$[HAc]$,代入式(4-1)便可计算出该温度下的 $K_a^\ominus$。

计算出醋酸的解离度和解离常数。

当 $c/K_a^\ominus \geqslant 500$ 时，$\alpha < 5\%$，可近似认为 $1-\alpha \approx 1$。

则
$$K_a^\ominus \approx \frac{c\alpha \cdot c\alpha}{c} = \frac{[H^+]^2}{c} \tag{4-2}$$

4.3 仪器与试剂

1.仪器

酸度计(1台)，容量瓶(50 mL，3个)，吸量管(10 mL，1支)，碱式滴定管(50 mL，1支)，锥形瓶(250 mL，3个)，烧杯(50 mL，4个)，移液管(25 mL，1支)，洗耳球(1个)，温度计(0～100 ℃，1支)。

2.试剂

NaOH标准滴定溶液(0.200 0 mol/L，已标定到四位有效数字)，待标定HAc溶液(约0.2 mol/L)，标准缓冲溶液(pH=4.00)，酚酞指示剂(1%)。

4.4 实验内容

1.用NaOH标准滴定溶液测定醋酸溶液的浓度(准确到三位有效数字)

用移液管吸取三份25.00 mL约0.2 mol/L HAc溶液，分别置于锥形瓶中，各加入2～3滴酚酞指示剂。分别用NaOH标准滴定溶液滴定至溶液呈现微红色且30 s内不褪色为止(注意每次滴定都从0 mL开始)。

记录所用NaOH标准滴定溶液的体积，注意3次用量之差不超过0.05 mL。填入表4-1。

2.配制不同浓度的醋酸溶液

用吸量管或滴定管分别取2.50 mL，5.00 mL和25.00 mL已知准确浓度的0.2 mol/L HAc溶液于3个50 mL容量瓶中，用蒸馏水稀释至刻度，摇匀，则此3瓶HAc溶液的浓度分别为0.01 mol/L，0.02 mol/L和0.1 mol/L。

3.测定不同浓度的HAc溶液的pH

用4个干燥的50 mL烧杯，分别取25 mL上述4种不同浓度(0.01 mol/L，0.02 mol/L，0.1 mol/L和0.2 mol/L)的HAc溶液，用pH计按浓度由低到高的顺序依次测定其pH，记录数据和室温。填入表4-2中。

计算出相应的解离度和解离常数。

4.5 数据记录与处理

表4-1　约0.2 mol/L醋酸溶液浓度的标定

NaOH标准滴定溶液的浓度/(mol·L)				
平行滴定份数		1	2	3
移取HAc溶液的体积/mL		25.00	25.00	25.00
消耗NaOH标准滴定溶液的体积/mL				
HAc溶液的浓度/(mol·L⁻¹)	测定值			
	相对偏差			
	平均值			

表 4-2　　　醋酸溶液 pH 的测定

溶液编号	c(HAc)/(mol·L^{-1})	pH	$c(H^+)$/(mol·L^{-1})	解离度 α	解离常数 $K_a^\ominus$	
					测定值	平均值
1						
2						
3						
4						

温度________℃

4.6　问题与讨论

1.在使用滴定管标定约 0.2 mol/L HAc 溶液时，为什么每次都要从 0 mL 开始滴定？

2.在标定 HAc 溶液过程中，锥形瓶能否用蒸馏水冲洗？滴定至终点时，滴定管尖嘴部位有一滴溶液未滴下，对实际结果是否有影响？

3.若所用 HAc 溶液的浓度极稀，是否还可以用 $K_a^\ominus=\frac{[H^+]^2}{c}$ 计算解离常数？

4.实验中，$[H^+]$和$[Ac^-]$是怎样测得的？

5.要做好本实验，操作的关键是什么？

6.“解离度越大，酸度越大”这句话是否正确？为什么？

7.实验时为什么要记录温度？改变所测 HAc 溶液的浓度或温度，解离度和解离常数有无变化？若有变化，会有怎样的变化？

附 1　移液管、吸量管和滴定管

1.移液管

移液管是用于准确量取一定体积溶液的量出式玻璃量器，全称为“单标线吸量管”，习惯称为移液管。管颈上部刻有一标线，其位置是由放出纯水的体积所决定的。其容量定义为：在 20 ℃时按规定方式排空后所流出纯水的体积，单位为 mL。

使用移液管时要注意：

(1) 使用前，视其洁净程度不同，可用铬酸洗液、自来水、蒸馏水将其润洗干净，使其内壁及下端的外壁不挂水珠。

(2)移取溶液前，用待取溶液润洗 3 次。

(3)移取溶液的正确操作姿势如图 4-1(a)所示，右手将移液管插入烧杯内液面以下 1～2 cm，左手拿洗耳球，排空空气后紧按在移液管管口上，然后借助吸力使液面慢慢上升，管中液面上升至标线以上时，迅速用右手食指按住管口，左手持烧杯并使其倾斜 30°，将移液管流液口靠到烧杯的内壁，稍松食指并用拇指及中指捻转管身，使液面缓缓下降，直到调定零点，使溶液不再流出。将移液管插入准备接收溶液的容器中，如图 4-1(b)所示，仍使其流液口接触倾斜的器

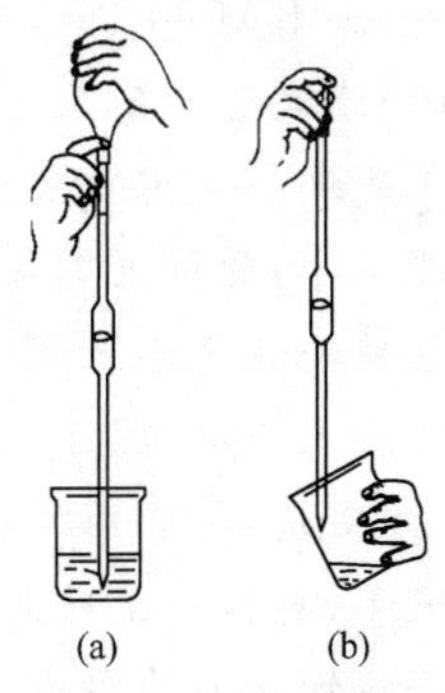

图 4-1　移液管使用操作

壁,松开食指,使溶液自由地沿壁流下,再等待 15 s,移走移液管。

2.吸量管

吸量管的全称是“分度吸量管”,是带有分度线的量出式玻璃量器,用于准确移取非固定量的溶液。

(1)完全流出式。有零点刻度在上[图 4-2(a)]和零点刻度在下[图 4-2(c)]两种形式。

(2)不完全流出式。零点刻度在上[图 4-2(b)]。

(3)规定等待时间。零点刻度在上[图 4-2(a)]。使用过程中液面降至流液口处后,要等待 15 s,再从受液容器中移走吸量管。

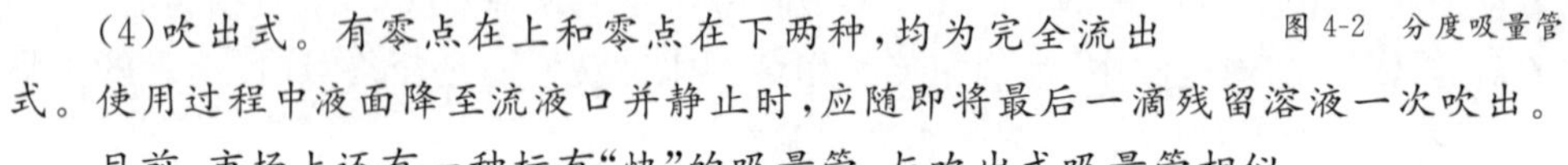

(a) (b) (c)

图 4-2 分度吸量管

(4)吹出式。有零点在上和零点在下两种,均为完全流出式。使用过程中液面降至流液口并静止时,应随即将最后一滴残留溶液一次吹出。

目前,市场上还有一种标有“快”的吸量管,与吹出式吸量管相似。

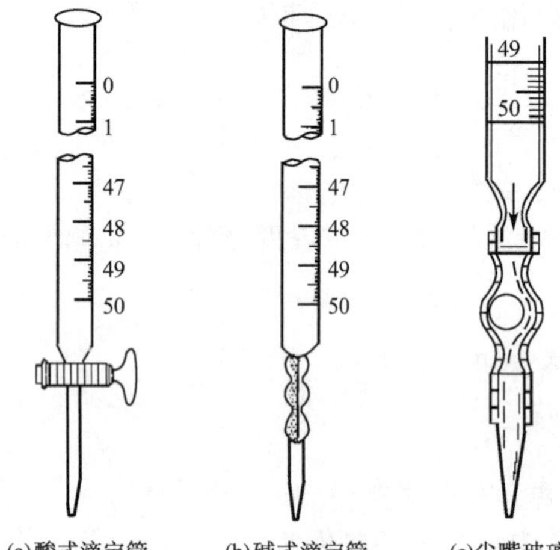

(a)酸式滴定管 (b)碱式滴定管 (c)尖嘴玻璃管

图 4-3 滴定管

3.滴定管

滴定管是一种准确测量溶液体积的量器,分酸式滴定管和碱式滴定管。实验室常用的有 10.00 mL,25.00 mL,50.00 mL 等规格(图 4-3)。

酸式滴定管有玻璃活塞,开启玻璃活塞,溶液自管内流出。它不能长时间盛放碱性溶液(避免腐蚀磨口和活塞,使活塞不能转动),可以盛放非碱性的各种溶液。

碱式滴定管的下端连接一段乳胶管,管内有一玻璃珠以控制溶液的流速,乳胶管下端接一支尖嘴玻璃管。用手指捏挤玻璃珠周围的乳胶管时会形成一条狭缝,溶液即可流出,并可控制流速。玻璃珠的大小要适当,过小会漏液或使用时上下滑动,过大则在放液时手指吃力,操作不方便。碱式滴定管可盛放碱性溶液。不宜盛放对乳胶管有腐蚀作用的溶液,如 $KMnO_4$,I_2,$AgNO_3$ 等。

(1)滴定管的使用方法

①洗涤。先用自来水或管刷蘸肥皂水或洗涤剂洗刷(避免使用去污粉),而后用自来水冲洗干净,管壁上不应挂水珠。再用蒸馏水润洗(滴定管平放、旋转);有油污的滴定管要用铬酸洗液洗涤。

②涂凡士林(图 4-4)。酸式滴定管洗净后,玻璃活塞处要涂凡士林(起密封和润滑作用)。方法是:将管内的水倒掉,平放在台上,抽出玻璃活塞,用滤纸将玻璃活塞和其套内的水吸干,再换滤纸反复擦拭干净。

将玻璃活塞均匀地涂上薄薄一层凡士林(涂量不能多),将其插入玻璃活塞套内,旋转玻璃活塞几次,直至玻璃活塞与塞槽接触部位呈透明状态,否则应重新处理。为避免玻璃活塞被碰松动脱落，涂凡士林后的滴定管应在玻璃活塞末端套上小橡皮圈。

③检漏。检查密合性，管内加水至最高标线，垂直挂在滴定台上，10 min 后观察玻璃活塞边缘及管口是否漏水；转动玻璃活塞，再观察一次，直至不漏水为止。

④装入操作溶液。滴定前用操作溶液（滴定液）润洗 3 次后，将操作溶液（滴定液）装入滴定管，排出管内空气（图 4-5），并调定零点。

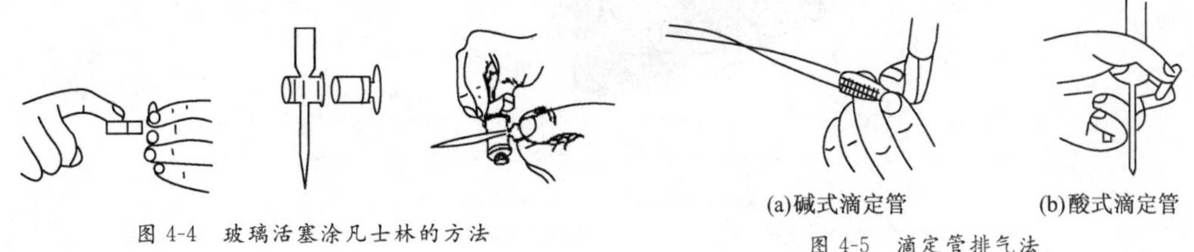

图 4-4　玻璃活塞涂凡士林的方法

图 4-5　滴定管排气法

（2）滴定操作（读数）注意事项

①滴定管要垂直，操作者要坐正或站正，视线与零线或弯液面（滴定读数时）在同一水平面上。

②为了使弯液面下边缘更清晰，调零和读数时可在液面后衬一白纸板。

③使用碱式滴定管时，把握好捏乳胶管的位置。位置偏上，调定零点后手指一松开，液面就会降至零线以下；位置偏下，手一松开，尖嘴玻璃管（流液口）内就会吸入空气。这两种情况都直接影响滴定结果。滴定读数时，若发现尖嘴玻璃管内有气泡，则必须小心排除。

④酸式滴定管的握塞方式及操作如图 4-6 所示，通常在锥形瓶中进行滴定，右手持瓶，使瓶内溶液不断旋转；溴酸钾法、碘量法等需在碘量瓶中进行反应和滴定。碘量瓶是带有磨口塞和水槽的锥形瓶，其喇叭形瓶口与瓶塞柄之间形成一圈水槽，槽中加入纯水便形成水封，可防止瓶中溶液反应生成的气体遗失。

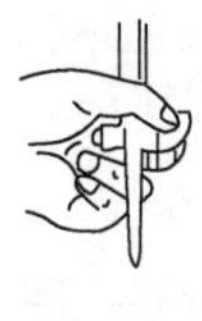

图 4-6　酸式滴定管的使用方法

反应一定时间后，打开瓶塞，水即流下并可冲洗瓶塞和瓶壁，接着进行滴定。无论哪种滴定管，都要掌握好加液速度（连续滴加、逐滴滴加、半滴滴加），终点前，用蒸馏水冲洗瓶壁，再继续滴至终点。

⑤ 实验完毕后，滴定溶液不宜长时间放在滴定管中，应将管中的溶液倒掉，用水洗净后再装满蒸馏水挂在滴定台上。

附 2　pHS-3C 型酸度计的使用

1.酸度计的标定

酸度计又称 pH 计，是准确测定溶液 pH 的常用仪器。酸度计种类较多，如 25 型酸度计、pHS-2C 型酸度计、pHS-3C 型酸度计、pHS-9V 型酸度计等。现仅以 pHS-3C 型酸度计（图 4-7）为例进行介绍。

（1）检查酸度计的接线是否完好，接通电源，按下电源开关，预热 30 min 后方可使用。

（2）接好电极，取下电极上的电极套（注意不要将电极套中的饱和 KCl 溶液洒出或倒

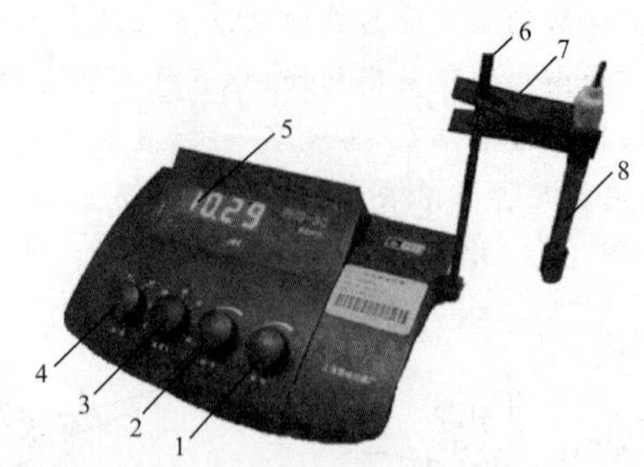

1—定位旋钮;2—斜率旋钮;3—温度补偿旋钮;4—功能旋钮;
5—液晶显示屏;6—电极杆;7—电极夹;8—复合电极

图 4-7 pHS-3C 型酸度计

掉),露出复合电极上端小孔,用蒸馏水清洗电极,用滤纸吸干残留水分。

(3)将选择开关旋钮调到 pH 挡。

(4)调节温度补偿旋钮,使旋钮白线对准溶液温度值。

(5)将斜率调节旋钮顺时针旋到底(即调到 100%位置)。

(6)将用蒸馏水清洗过的电极插入 pH=6.86(25℃)的标准缓冲溶液中。

(7)调节定位调节旋钮,使仪器显示读数与该标准缓冲溶液当时温度下的 pH 相一致(表 4-3)。例如,用混合磷酸盐定位温度为 10 ℃时,pH=6.92。

表 4-3　标准缓冲溶液的 pH 与温度关系对照表

温度℃	邻苯二钾酸氢钾溶液 pH	混合磷酸盐溶液 pH	硼砂溶液 pH
5	4.00	6.95	9.39
10	4.00	6.92	9.33
15	4.00	6.90	9.28
20	4.00	6.88	9.23
25	4.00	6.86	9.18
30	4.01	6.85	9.14
35	4.02	6.84	9.11
40	4.03	6.84	9.07
45	4.04	6.84	9.04
50	4.06	6.83	9.03
55	4.07	6.83	8.99
60	4.09	6.84	8.97

(8)用蒸馏水清洗电极,并用滤纸吸干残留水分,再插入 pH=4.00(25 ℃)或 pH=9.18(25 ℃)的标准缓冲溶液中,摇动烧杯使溶液均匀,调节斜率旋钮使仪器显示读数与该缓冲溶液中当时温度下的 pH 一致(表 4-3),则定斜率完毕。

(9)重复(6)~(8),直至不用再调节定位或斜率调节旋钮为止,则完成标定。

2. 测量溶液 pH

(1)用蒸馏水清洗电极头部,再用被测溶液清洗一次。

(2)用温度计测量被测溶液温度。

(3)调节温度调节旋钮,使白线对准被测溶液温度值。

(4)将电极插入被测溶液内,轻轻转动烧杯,使溶液均匀后读出溶液 pH。

(5)实验结束后,关闭电源,将试液倒入废液缸,洗净复合电极,用滤纸吸干,放好以备下次使用。

3. 酸度计使用注意事项

(1)使用前必须认真阅读使用说明书,正确掌握仪器使用方法。

(2)使用电极要小心防破损,测量电极插口必须保持洁净干燥,不用时插上短路插头,以防灰尘和高湿物侵入。

(3)电极在测量前,必须用已知 pH 的标准缓冲溶液进行标定,一般仪器在连续使用时,每天要标定一次。

(4)在每次标定、测量后,进行下一次操作前,应该用蒸馏水或去离子水充分清洗电极,然后用被测液清洗一次电极。

(5)测量时,电极的引入导线需保持静止,否则会引起测量不稳定。

(6)测量结束后,应及时将电极保护套套上,电极套内应放少量饱和 KCl 溶液,以保持电极球泡湿润,切忌浸泡在蒸馏水中。

(7)复合电极外参比补充液为 3 mol/L KCl 溶液,补充液可以从电极上端小孔加入,不使用时,要盖上橡皮塞,防止补充液干涸 。

(8)通常被测溶液温度在 5～60℃,若超出此范围,请分别选用特殊的低温电极或高温电极测量其溶液 pH。

实验 5 工业纯碱中总碱度的测定

5.1 实验目的

1.掌握分析天平和滴定管的正确操作;

2.了解酸碱滴定法选用指示剂的原则,会选用常用指示剂;

3.掌握酸标准溶液浓度标定的基本原理及方法,会标定盐酸浓度;

4.掌握酸碱滴定的原理和方法,会进行纯碱中总碱度的测定。

5.2 实验原理

工业纯碱中主要含有不纯的碳酸钠(Na_2CO_3),俗称苏打。此外,还可能含有少量的 $NaCl$,Na_2SO_4,$NaOH$ 和 $NaHCO_3$ 等。常以 HCl 标准溶液为滴定剂测定总碱度来衡量产品的质量。滴定反应为

$$Na_2CO_3 + 2HCl \longrightarrow 2NaCl + H_2CO_3$$

$$H_2CO_3 \longrightarrow CO_2 \uparrow + H_2O$$

反应产物 H_2CO_3 易形成过饱和溶液并分解为 CO_2 逸出。化学计量点时溶液 pH=3.8～3.9,可选用甲基橙为指示剂,用 HCl 标准溶液滴定,溶液由黄色转变为橙色即为终点。试样中 $NaHCO_3$ 同时被中和。

由于工业纯碱容易吸收水分和 CO_2,故通常将试样在 270～300 ℃烘干 2 h,除去水

分，并使 $NaHCO_3$ 全部转化为 Na_2CO_3。

工业纯碱均匀性较差，因此应称取较多试样，使之尽可能具有代表性，测定的允许误差可适当放宽一点。

工业纯碱的总碱度通常以 Na_2CO_3 或 Na_2O 的质量分数来表示。由于固体试样均匀性较差，故测定的允许误差可稍大点。

5.3 仪器与试剂

1.仪器

常量分析仪器一套，电子分析天平。

2.试剂

HCl 原瓶装浓溶液(CP,37%)，无水碳酸钠基准物(AR,固)，甲基橙水溶液(0.2%)，工业纯碱试样(固)。

5.4 实验内容

1.0.1 mol/L HCl 溶液的配制和标定

(1)配制 0.1 mol/L HCl 溶液

在通风橱中用量筒量取 9 mL 原瓶装浓 HCl 溶液，倒入装有半瓶蒸馏水的 1 000 mL 试剂瓶中，再加水稀释至 1 000 mL，充分摇匀。

(2)标定

用称量瓶准确称取 3 份 0.15～0.20 g 无水 Na_2CO_3，分别倒入 250 mL 锥形瓶中。称量时，称量瓶一定要带盖，以免吸湿。加入 20～30 mL 蒸馏水，使之溶解后，加入 0.2%甲基橙指示剂 1～2 滴，用待标定的 HCl 溶液滴定至由黄色恰变为橙色，即为终点，重复测定 3 次。

2.总碱度的测定

准确称取试样约 2 g(精确到 0.000 1 g)加入少量水使其溶解，必要时可稍加温热促进溶解。冷却后，将溶液定量转入 250 mL 容量瓶中加水稀释至刻度，充分摇匀。平行移取 3 份 25.00 mL 试液，分别放入 250 mL 锥形瓶中，加水 20 mL，加 1～2 滴甲基橙指示剂，用 HCl 标准溶液滴定溶液由黄色恰变为橙色，即为终点。重复测定 3 次，取 3 次测定的算术平均值作为实验结果，要求各次测定的相对偏差应在±0.5%以内。

5.5 数据记录与处理

1.盐酸标定数据记录与浓度计算(表 5-1)

表 5-1 盐酸标定数据记录与浓度计算

项目名称	项目符号	实验编号		
		1	2	3
基准物质 $NaCO_3$ 质量/g	$m(NaCO_3)$			
滴定消耗待测 HCl 溶液体积/mL	V			
盐酸的标定浓度/(mol·L^{-1})	$c(HCl)$			
盐酸标定浓度的平均值/(mol·L^{-1})	$\bar{c}(HCl)$			
测定结果的相对平均偏差	$\bar{d}_r$			

盐酸标定浓度计算公式：$c(HCl)=\dfrac{2m(Na_2CO_3)}{M(Na_2CO_3)\cdot V}\cdot 1\,000$

2.总碱度测定记录及计算(表 5-2)

表 5-2 总碱度测定记录及计算

项目名称	项目符号	实验编号		
		1	2	3
准确称取的试样质量/g	m			
滴定试样消耗的 HCl 溶液体积/mL	V			
用 Na_2O 质量分数表示的总碱度/%	$\omega(Na_2O)$			
用 Na_2O 质量分数表示的总碱度平均值/%	$\overline{\omega}(Na_2O)$			
测定结果的相对平均偏差	$\overline{d}_r$			

总碱度计算公式：$\omega(Na_2O)=\dfrac{\frac{1}{2}c(HCl)\cdot V\cdot M(Na_2O)}{m\cdot\frac{25.00}{250}\times 1\,000}\times 100\%$

5.6 问题与讨论

1.无水碳酸钠如保存不当,吸有少量水分,对标定 HCl 溶液浓度有何影响?

2.为什么配制 0.1 mol/L HCl 溶液 1 L 需要量取浓 HCl 溶液 9 mL?

3.当滴定至终点时,要剧烈摇动溶液,这是为什么?

4.常用的标定 HCl 溶液的基准物质有哪些?本实验测定总碱度应选择什么基准物质为好?

5.工业纯碱的主要成分是什么?用甲基橙为指示剂时,为何是测定总碱度呢?

6.本实验中称取试样时,要求准确称至几位有效数字?

7.若用 Na_2CO_3 质量分数表示总碱度,应如何计算?

附 电子分析天平的使用

电子分析天平具有稳定、精确、多功能及自动化等特点,其称量快速、数字显示,并可与打印机、计算机、记录仪联用,可以满足所有实验室质量分析要求。目前已在高校、科研及生产检测中广泛使用。现以 FA 系列电子分析天平(图 5-1)为例,说明其使用方法。

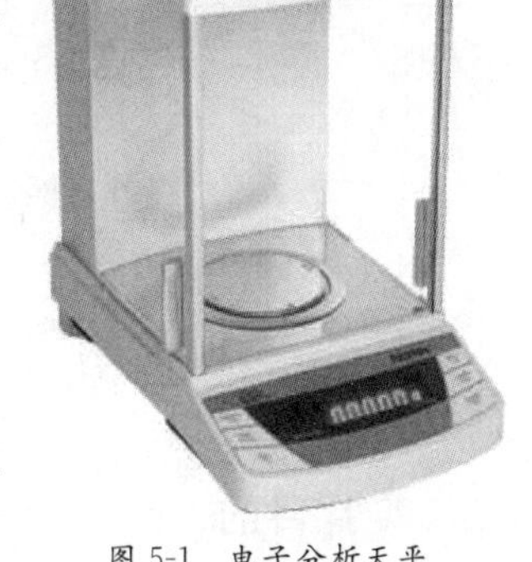

图 5-1 电子分析天平

1. 电子分析天平的校准

在电子分析天平首次使用之前、称量操作一段时间、放置地点变更及环境温度强烈变化后,都应进行校准操作。其步骤为:

(1) 接通电源(220 V),显示器显示“OFF”,按“ON/OFF”键,天平自测,通过后显示“0.0000g”,则进入工作状态。为获得精确称量结果,需预热 30～45 min,达到稳定工作温度后才可使用。

(2)按“T”键,显示“0.0000 g”,再按“C”键,则显示“CAL”,轻轻放上标准校准砝码(100g 或 200 g),关上防风罩的玻璃门,当显示器显示出校准砝码值后,并听到蜂鸣器“嘟”的一声,取出砝码,天平校准完毕。

2. 物质的称量

(1)简单称量

按“T”键,将天平清零,待天平显示“0.0000 g”后,将称量样品放于秤盘上,关上玻璃门,待称量稳定后,即可读取质量读数。例如,15.452 3 g。

(2)去皮称量

去皮称量是指只记录待测物质量,而去除容器质量的称量。称量时,先将空容器放在秤盘上,按“T”键清零,等待天平显示零点“0.0000 g”后,将待测物放入容器中,待天平稳定后即可读取待测物的净质量。

(3)递减称量

递减称量法是分析工作中最常用的一种方法,其称取试样的质量由两次称量之差而求得。该法称出的试样质量只需在要求的称量范围内,而不要求是固定的数值,通常用于称取易吸水、易氧化或易与 CO_2 反应的物质。称量过程如下:

先按“T”键,将天平清零;然后在洗净、烘干后的称量瓶中,装入略多于实验用的固体样品,用干净的纸条套住称量瓶(图 5-2)或用戴细砂的手套拿取,放到天平秤盘中央,准确称其质量(如 8.373 5 g);按“T”键,清零;再用纸条将称量瓶套住,放在接收器的上方,使称量瓶倾斜,用称量瓶盖轻轻敲击瓶口上部,使试样慢慢落入容器中(图 5-3),倾出接近要求质量(通常从体积上估取)的试样;慢慢将瓶口竖起,轻敲瓶口上部,使黏附在瓶口的试样落下,盖好瓶盖;再将称量瓶放回天平称量,两次测量之差即为倾入接收器的试样质量;如此重复操作,直至倾出试样质量达到要求为止。

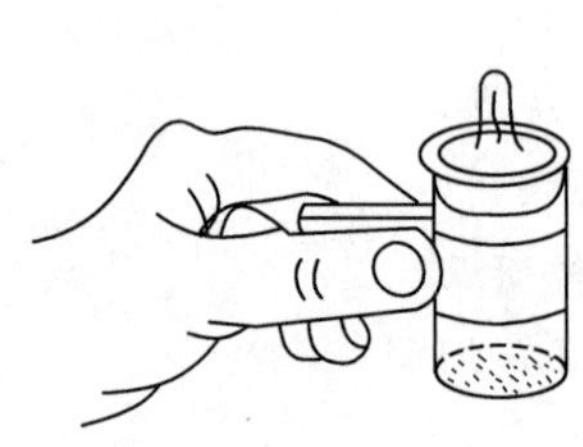

图 5-2　夹取称量瓶方法

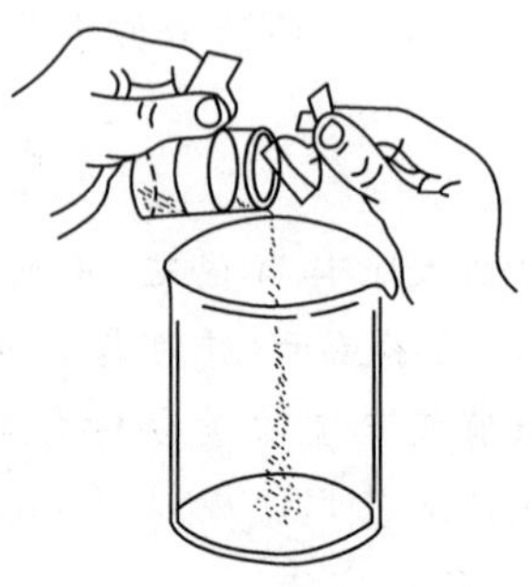

图 5-3　倾出试样的方法

实验 6　酸碱解离平衡与沉淀溶解平衡

6.1　实验目的

1.掌握强酸、弱酸的区别,会使用 pH 试纸;

2.理解同离子效应对酸碱平衡的影响及缓冲溶液的组成、作用,学会使用几种指示剂;

3.掌握难溶电解质的沉淀及溶解条件,能运用平衡移动原理解释实验现象。

6.2　实验原理

强酸(或强碱)在水溶液中能完全解离,其 H^+(或 OH^-)的浓度等于对应强酸(或强

碱)的浓度。例如

$$HCl \longrightarrow H^+ + Cl^- \qquad c(H^+) = c(HCl)$$

弱酸(或弱碱)在水溶液中部分解离,存在解离平衡。例如

$$HAc \rightleftharpoons H^+ + Ac^- \qquad c(H^+) < c(HAc)$$

因此,相同浓度的不同酸(或碱)水溶液,其 pH 不同。

在弱酸(或弱碱)溶液中加入具有相同离子的易溶强电解质而使弱酸(或弱碱)解离度降低的现象,称为同离子效应。

能保持溶液 pH 不变的溶液称为缓冲溶液。缓冲溶液具有缓冲作用,即能够抵抗少量外加强酸、强碱或适度稀释,而使溶液的 pH 无明显变化的作用。由弱酸及其共轭碱组成的溶液即为缓冲溶液,其中共轭碱为抗酸组分,弱酸为抗碱组分。

沉淀的生成和溶解可用溶度积规则判断。即

(1)$Q_i > K_{sp}^{\ominus}$,溶液处于过饱和状态,有沉淀生成;

(2)$Q_i = K_{sp}^{\ominus}$,溶液处于饱和状态,沉淀和溶解达到动态平衡;

(3)$Q_i < K_{sp}^{\ominus}$,溶液处于未饱和状态,无沉淀生成或难溶电解质溶解。

在含有沉淀的溶液中加入适当的沉淀剂,使难溶电解质转化为另一种难溶电解质的过程,称为沉淀的转化。通常由溶解度大的难溶电解质向溶解度小的难溶电解质方向转化,两种沉淀的溶解度之差越大,沉淀转化越容易进行。例如

$$\underset{(白色)}{PbCl_2} + 2I^- \rightleftharpoons \underset{(黄色)}{PbI_2} + 2Cl^-$$

$$K_{sp}^{\ominus}(PbCl_2) = 1.2 \times 10^{-5} \qquad K_{sp}^{\ominus}(PbI_2) = 8.5 \times 10^{-9}$$

转化平衡常数为 $K^{\ominus} = K_{sp}^{\ominus}(PbCl_2)/K_{sp}^{\ominus}(PbI_2) = 1.4 \times 10^3$

在混合溶液中加入某种沉淀剂时,离子发生先后沉淀的现象,称为分步沉淀。分步沉淀时,首先析出沉淀的是离子积最先达到溶度积的化合物。

6.3 仪器与试剂及材料

1.仪器

试管(若干支),酒精灯(1 个),表面皿(1 个)。

2.试剂及材料

HCl 溶液(2 mol/L,0.1 mol/L),HAc 溶液(2 mol/L,0.1 mol/L),锌粒,NaOH 溶液(0.1 mol/L),NH_3 溶液(0.1 mol/L),$AgNO_3$ 溶液(0.1 mol/L),NaCl 溶液(0.1 mol/L),KI 溶液(0.1 mol/L),K_2CrO_4 溶液(0.1 mol/L),NaAc(固),NH_4Cl(固),$CaCO_3$(固),甲基橙指示剂,溴甲酚绿指示剂,酚酞指示剂,pH 试纸。

6.4 实验内容

1.比较醋酸和盐酸的酸性

(1)在两支试管中分别加入 1 mL 0.1 mol/L HCl 溶液和 1 mL 0.1 mol/L HAc 溶液,各加 1 滴甲基橙指示剂,比较两支试管中溶液颜色有何不同?

(2)在两支试管中,分别加入 2 mL 2 mol/L HCl 溶液和 2 mL 2 mol/L HAc 溶液,再加入一颗锌粒,在酒精灯上微热,比较两支试管中反应现象有什么区别,写出离子方程式。

通过上述实验,说明在相同的条件下醋酸和盐酸的酸性强弱。

2.溶液 pH 的测定

用 pH 试纸测定下列各溶液的 pH：0.1 mol/L NaOH 溶液，0.1 mol/L NH_3 溶液，0.1 mol/L HCl 溶液，0.1 mol/L HAc 溶液，并与计算值相比较。根据所测数据，将上述溶液按 pH 由小到大顺序排列。

注意：测定溶液 pH 时，应将干燥的 pH 试纸放在洁净的表面皿中，然后用玻璃棒蘸取待测溶液，将液滴点碰在 pH 试纸中部，显色后与比色卡比较，即可确定溶液的 pH。切勿将试纸投入到待测溶液中，以免污染溶液。

3.同离子效应

(1)在试管中加入 3 mL 0.1 mol/L HAc 溶液、2 滴溴甲酚绿指示剂(溴甲酚绿指示剂的变色范围是 pH=3.8～5.4，酸色为黄色，碱色为蓝色)，观察溶液颜色；再加入少量固体 NaAc，振荡，观察溶液颜色变化，再用 pH 试纸测定溶液的 pH。将溶液保存备用。

(2)在试管中加入 3 mL 0.1 mol/L NH_3 溶液和 1 滴酚酞指示剂，观察溶液的颜色；然后再加入少量固体 NH_4Cl，振荡，观察溶液颜色变化，再用 pH 试纸测定溶液的 pH。将溶液保存备用。

4.缓冲溶液

(1)将实验内容 3.(1)保存的溶液分成 3 份，其中 1 份静置不动，另 1 份加入 2 滴 0.1 mol/L HCl 溶液，第 3 份加入 2 滴 0.1 mol/L NaOH 溶液。比较 3 份溶液的颜色。再用 pH 试纸测定溶液的 pH。

(2)将实验内容 3.(2)保存的溶液重复实验 4.(1)。

解释上述实验现象，说明缓冲溶液的概念、组成及作用。

5.沉淀溶解平衡

(1)沉淀的生成。在试管中加入 3 滴 0.1 mol/L $AgNO_3$ 溶液，加水稀释至 1 mL，再滴加 0.1 mol/L NaCl 溶液，观察现象，写出离子方程式。将溶液保存备用。

(2)沉淀的溶解。取绿豆粒大小的 $CaCO_3$ 固体，放入试管中，加入 1 mL H_2O，观察 $CaCO_3$ 是否溶解。再滴入 2 mol/L HCl 溶液，有什么现象发生？振荡，再观察现象。解释原因，写出离子方程式。

6.沉淀的转化

在实验内容 5.(1)保存的溶液中，滴加 0.1 mol/L KI 溶液，充分振荡，观察沉淀颜色的变化，解释原因，写出离子方程式。

7.分步沉淀

在试管中加入 2 滴 0.1 mol/L NaCl 溶液和 1 滴 0.1 mol/L K_2CrO_4 溶液，加水稀释至 5 mL，振荡，再逐滴加入 0.1 mol/L $AgNO_3$ 溶液，每加入 1 滴都要充分振荡，观察溶液颜色的变化，解释原因，写出离子方程式。

6.5 问题与讨论

1.浓度对化学反应速率有何影响？

2.计算 0.1 mol/L NaOH 溶液，0.1 mol/ L NH_3 溶液，0.1 mol/L HCl 溶液，0.1 mol/L HAc 溶液的 pH。

3.什么是同离子效应？同离子效应对弱酸(或弱碱)的解离平衡有什么影响？

4.什么是缓冲溶液？其组成及作用如何？

5.沉淀生成与溶解的条件是什么？

6.沉淀转化的条件是什么？其转化平衡常数与溶度积常数有何关系？

7.分步沉淀的原理是什么，分步沉淀有何应用？

实验7 生理盐水中氯化钠含量的测定

7.1 实验目的

1.掌握标准滴定溶液的配制与标定，会配制及标定 $AgNO_3$ 标准滴定溶液；

2.掌握莫尔法沉淀滴定原理，能应用莫尔法测定生理盐水中的 NaCl 含量。

7.2 实验原理

根据所用指示剂的不同，银量法分为莫尔法、佛尔哈德法和法扬斯法。

本实验采用莫尔法，即在中性溶液中以 K_2CrO_4 为指示剂，用 $AgNO_3$ 标准溶液来测定 Cl^- 的含量。

$$Ag^+ + Cl^- \longrightarrow AgCl\downarrow(\text{白}) \qquad K_{SP}^{\ominus}=1.8\times10^{-10}$$

$$2Ag^+ + CrO_4^{2-} \longrightarrow Ag_2CrO_4\downarrow(\text{砖红色}) \qquad K_{SP}^{\ominus}=1.1\times10^{-12}$$

由于 AgCl 的溶解度比 Ag_2CrO_4 小，所以在滴定过程中 AgCl 先沉淀出来，当 AgCl 定量沉淀后，微过量的 $AgNO_3$ 溶液便与 CrO_4^{2-} 生成 Ag_2CrO_4 沉淀，指示滴定终点。

7.3 仪器与试剂

1.仪器

常量分析仪器一套。

2.试剂

$AgNO_3$(AR，固)，NaCl(AR，固)，K_2CrO_4 溶液(5%)，生理盐水试样。

7.4 实验内容

1.0.1 mol/L $AgNO_3$ 标准滴定溶液的配制

称取 1.7 g $AgNO_3$，溶解后稀释至 100 mL。准确称取 3 份 0.15～0.2 g NaCl，分别置于 3 个锥形瓶中，各加入 25 mL 水使其溶解。加入 1 mL 5% K_2CrO_4 溶液。在充分摇动下，用 $AgNO_3$ 溶液滴定至溶液刚出现稳定的砖红色。记录 $AgNO_3$ 溶液的用量为 V_1(mL)。重复滴定 3 次。

2.测定生理盐水中 NaCl 的含量

将生理盐水试样稀释 1 倍后，用移液管精确移取 25 mL 置于锥形瓶中，加入 1 mL K_2CrO_4 指示剂，用 $AgNO_3$ 标准滴定溶液滴定至溶液出现稳定的砖红色(边摇边滴)，记录 $AgNO_3$ 溶液的用量 V_2(mL)。重复滴定 3 次。

同时做空白试验，所消耗 $AgNO_3$ 溶液的体积记为 V_0(mL)。

7.5 数据记录与处理

1.$AgNO_3$ 标定数据记录与浓度计算(表 7-1)

表 7-1 $AgNO_3$ 标定数据记录与浓度计算

项目名称	项目符号	实验编号		
		1	2	3
基准物质 NaCl 质量/g	m(NaCl)			
滴定基准物质 NaCl 消耗 $AgNO_3$ 溶液体积/mL	V_1			

（续表）

项目名称	项目符号	实验编号		
		1	2	3
空白试验消耗 $AgNO_3$ 溶液体积/mL	V_0			
$AgNO_3$ 标定滴定溶液浓度/(mol·L^{-1})	$c(AgNO_3)$			
$AgNO_3$ 标定滴定溶液浓度平均值/(mol·L^{-1})	$\overline{c}(AgNO_3)$			
测定结果的相对平均偏差	$\overline{d}_r$			

$AgNO_3$ 标准滴定溶液浓度计算公式：$c(AgNO_3)=\dfrac{m(NaCl)\cdot 1\ 000}{M(NaCl)\cdot(V_1-V_0)}$

2.生理盐水中 NaCl 测定记录及计算(表 7-2)

表 7-2　　生理盐水中 NaCl 测定记录及计算

项目名称	项目符号	实验编号		
		1	2	3
生理盐水试样体积/mL	V			
滴定试样消耗 $AgNO_3$ 标准滴定溶液体积/mL	V_2			
空白试验消耗 $AgNO_3$ 标准滴定溶液体积/mL	V_0			
$AgNO_3$ 标准滴定溶液浓度/(mol·L^{-1})	$c(AgNO_3)$			
生理盐水中 NaCl 的质量浓度/(mg·L^{-1})	$\rho(NaCl)$			
生理盐水中 NaCl 质量浓度平均值/(mg·L^{-1})	$\overline{\rho}(NaCl)$			
测定结果的相对平均偏差	$\overline{d}_r$			

生理盐水中 NaCl 含量计算公式：$\rho(NaCl)=\dfrac{c(AgNO_3)\cdot(V_2-V_0)\cdot M(NaCl)\cdot 1\ 000}{V}$

7.6　问题与讨论

1.K_2CrO_4 指示剂的浓度对 Cl^- 的测定有何影响？

2.滴定液的酸度应控制在什么范围？为什么？若有 NH_4^+ 存在，对溶液的酸度范围的要求有什么不同？

3.如果要用莫尔法测定酸性氯化物溶液中的氯含量，事先应采取什么措施？

4.本实验可不可以用荧光黄代替 K_2CrO_4 作指示剂？为什么？

实验 8　氧化还原反应与电化学

8.1　实验目的

1.理解原电池的组成原理，会书写电极反应方程式；

2.掌握电极电势与氧化还原反应的关系，能比较氧化能力或还原能力的相对高低；

3.掌握浓度和酸度对电极电势的影响，会测定电池的电动势和电极电势。

8.2　实验原理

1.原电池

原电池是化学能转化成电能的装置。两块相连的活动性不同的金属与电解质溶液可组成原电池，如铁、铜与稀硫酸就可组成原电池。

2.电极电势的应用

氧化还原过程也就是电子的转移过程，氧化剂在反应中得到了电子，还原剂失去了电子。这种得、失电子能力的不同，可用氧化还原电对（如 Fe^{3+}/Fe^{2+}，I_2/I^-，Cu^{2+}/Cu）电极电势的相对高低来衡量。

电极电势较高的电对，其氧化态得电子能力强，是氧化剂，可作为原电池的正极；电极电势低的电对，其还原态失电子能力强，是还原剂，可作为原电池的负极。若为金属单质，则其金属活动顺序在前；反之，根据实际氧化还原反应方向也可判断电对电极电势的相对高低。

3.影响电极电势的因素

标准电极电势的大小取决于氧化还原电对的性质。此外，浓度、温度、介质酸度及沉淀生成也会对电极电势产生一定的影响。

例如，电极反应 $Fe^{3+} + e^- \rightleftharpoons Fe^{2+}$ 的电对为 Fe^{3+}/Fe^{2+}，根据能斯特方程得出在 298.15 K 时的电极电势为

$$\varphi(Fe^{3+}/Fe^{2+}) = \varphi^{\ominus}(Fe^{3+}/Fe^{2+}) + \frac{0.059\ 2}{1}\lg\frac{[Fe^{3+}]}{[Fe^{2+}]}$$

显然，Fe^{3+} 和 Fe^{2+} 浓度的变化都会改变其电极电势。尤其是有沉淀剂或配位剂存在，能显著减少溶液中某一离子的浓度时，可以改变反应方向。

有些反应如有含氧酸根离子参加的氧化还原反应中，经常有 H^+ 参加，这时介质的酸度将对电极电势产生较大的影响。例如，对于半电池反应

$$MnO_4^- + 8H^+ + 5e^- \rightleftharpoons Mn^{2+} + 4H_2O$$

$$\varphi(MnO_4^-/Mn^{2+}) = \varphi^{\ominus}(MnO_4^-/Mn^{2+}) + \frac{0.059\ 2}{5}\lg\frac{[MnO_4^-][H^+]^8}{[Mn^{2+}]}$$

提高溶液酸度可增大 $\varphi(MnO_4^-/Mn^{2+})$，使 MnO_4^- 氧化性增强。

4.电极电势的测量

电极电势是一个重要的物理量。但电极电势绝对值是无法测定的，只能选择某一标准来测定其相对值。为此，规定标准氢电极作为比较电极电势高低的标准。

标准氢电极是 $p(H_2)=100$ kPa，$c(H^+)=1.0$ mol/L 时，电对 H^+/H_2 的电极电势，规定在 25 ℃时，$\varphi^{\ominus}(H^+/H_2)=0$。测出标准氢电极与其他标准电极构成原电池的电动势，就可以计算出各种标准电极的电极电势。即

$$E^{\ominus} = \varphi^{\ominus}_{(+)} - \varphi^{\ominus}_{(-)} \tag{8-1}$$

测定某电对的电极电势时，可用待测电极与参比电极组成原电池进行测定，常用的参比电极是甘汞电极，由 Hg，Hg_2Cl_2（固体）及 KCl 溶液组成，其电极电势主要取决于 Cl^- 的浓度，当 KCl 为饱和溶液时，称为饱和甘汞电极。25 ℃时

$$\varphi^{\ominus}(Hg_2Cl_2/Hg) = 0.268\ 1\ \text{V}$$

准确的电动势是用对消法在电位差计上测量的。因为在本实验中只是为了进行比较，只需知道其相对数值，所以在 pH 计上进行测量。

8.3 仪器与试剂及材料

1.仪器

无机化学实验常用仪器一套,导线(带夹子),灵敏电流计,电极(锌片、铜片、石墨棒、铁片),KCl 盐桥,回形针,滤纸,小刀。

2.试剂及材料

$Pb(NO_3)_2$ 溶液(0.5 mol/L),$CuSO_4$ 溶液(0.5 mol/L,0.1 mol/L),$ZnSO_4$ 溶液(0.5 mol/L,0.1 mol/L),KI 溶液(0.1 mol/L),KBr 溶液(0.1 mol/L),$(NH_4)_2Fe(SO_4)_2$ 溶液(0.2 mol/L),$FeCl_3$ 溶液(1 mol/L,0.1 mol/L),NH_3 溶液(浓,6 mol/L),$FeSO_4$ 溶液(1 mol/L),$K_2Cr_2O_7$ 溶液(0.4 mol/L,0.1 mol/L),H_2SO_4 溶液(3 mol/L,1 mol/L),NaOH 溶液(6 mol/L),$KMnO_4$ 溶液(0.05 mol/L),Na_2SO_3 溶液(0.3 mol/L),$SnCl_2$ 溶液(0.5 mol/L),HCl 溶液(1 mol/L),$Na_2S_2O_3$ 溶液(2 mol/L),$Na_2C_2O_4$ 溶液(0.05 mol/L),H_2O_2 溶液(3%),CCl_4(液),HNO_3 溶液(浓,稀),蒸馏水,去离子水,碘水,溴水,酚酞,铅粒,锌粒,淀粉溶液,pH 试纸。

8.4 实验内容

1.原电池原理

(1)用导线将灵敏电流计的两端分别与纯净的锌片和铜片相连接。使锌片与铜片接触(图 8-1),观察锌片与铜片接触时是否有电流通过。

(2)将一块纯净的锌片插入盛有稀硫酸的烧杯里,观察现象。再平行地插入一块铜片(先除去表面的氧化物和油脂等污垢),观察铜片上有没有气泡产生。用导线把锌片和铜片连接起来(图 8-2),观察铜片上有没有气泡产生。若有,写出化学反应方程式。

(3)用导线连接灵敏电流计的两端后,再与溶液中的锌片和铜片相连接(图 8-3),观察电流计的指针是否偏转,判断导线中有无电流通过。

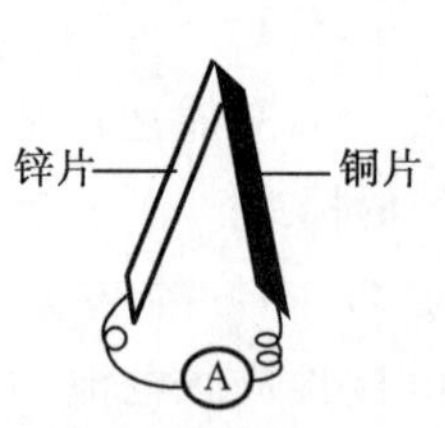

图 8-1 检验锌片与铜片间是否有电流通过

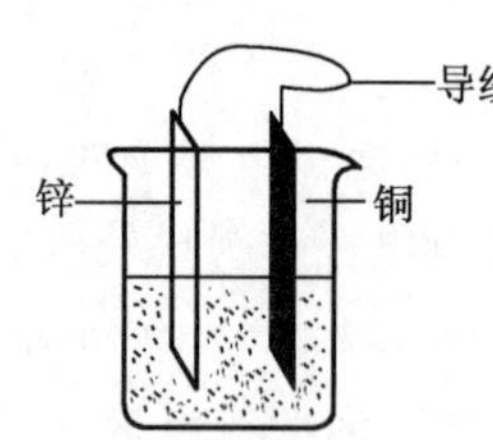

图 8-2 检验铜片上是否有气泡产生

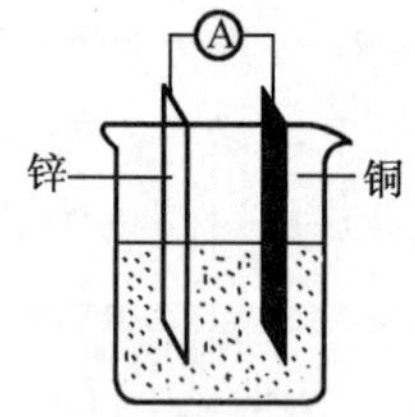

图 8-3 检验导线中是否有电流通过

2.比较电极电势的相对高低

(1)比较锌、铅、铜的金属活动顺序

①在两支小试管中分别注入 0.5 mol/L $Pb(NO_3)_2$ 和 0.5 mol/L $CuSO_4$ 溶液,各放入一块表面擦净的锌片,放置片刻,观察锌片表面有何变化。

②用表面擦净的铅粒代替锌片,分别与 0.5 mol/L $ZnSO_4$ 和 0.5 mol/L $CuSO_4$ 溶液反应,观察铅粒表面有何变化。

写出反应式,说明电子转移方向,并确定锌、铅、铜的金属活动顺序。

(2)比较电对 Br_2/Br^-，I_2/I^-，Fe^{3+}/Fe^{2+} 电极电势的相对高低(表 8-1)

表 8-1　　电对 Br_2/Br^-，I_2/I^-，Fe^{3+}/Fe^{2+} 电极电势的比较

编号	操作内容		现象	解释
试管 1	滴加 5 滴 0.1 mol/L KI 溶液	滴加 2 滴 0.1 mol/L $FeCl_3$ 溶液，20 滴 CCl_4		
试管 2	滴加 5 滴 0.1 mol/L KBr 溶液			
试管 3	加入 0.5 mL 0.2 mol/L $(NH_4)_2Fe(SO_4)_2$ 溶液	滴加 2～3 滴溴水，20 滴 CCl_4		
试管 4		滴加 2～3 滴碘水，20 滴 CCl_4		

写出上述有关反应方程式，并根据实验结果，定性比较电对 Br_2/Br^-，I_2/I^-，Fe^{3+}/Fe^{2+} 电极电势的相对高低，指出它们之中最强的氧化剂和最强的还原剂。

注意：溴水和碘水不要多加；使用白色背景观察试管中水相和有机相颜色在振荡前、后的变化。

3.浓度和酸度对电极电势的影响

(1)浓度的影响

①在两个小烧杯中，分别倒入 25 mL 0.1 mol/L $CuSO_4$ 溶液和 25 mL 0.1 mol/L $ZnSO_4$ 溶液。将铜极和锌极分别插入 $CuSO_4$ 溶液和 $ZnSO_4$ 溶液中，放入盐桥组成原电池。如图 8-4 所示，将铜极和锌极分别与电位计的“＋”极和“－”极相连，测原电池电动势。

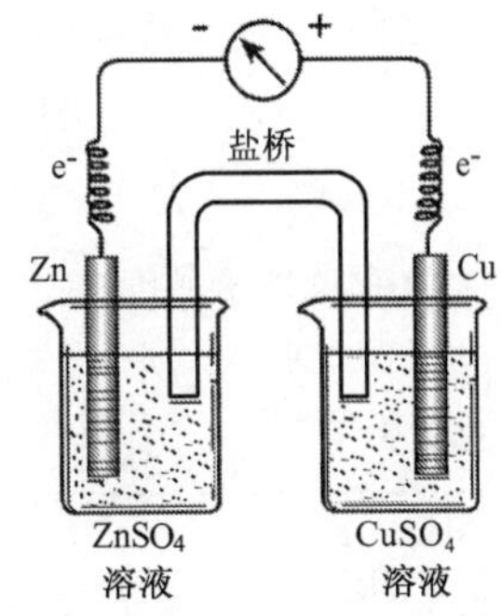

图 8-4　铜锌原电池

②取出盐桥(避免生成沉淀堵塞盐桥)，在 $CuSO_4$ 溶液中缓慢倒入 6 mol/L NH_3 溶液，不断搅拌，直到生成的沉淀又溶解为止。反应为

$$SO_4^{2-} + 2Cu^{2+} + 2NH_3 + H_2O \longrightarrow Cu_2(OH)_2SO_4\downarrow + 2NH_4^+$$

$$Cu_2(OH)_2SO_4 + 8NH_3 \longrightarrow 2[Cu(NH_3)_4]^{2+} + 2OH^- + SO_4^{2-}$$

再放入盐桥，测电动势，观察有何变化，这种变化是怎样引起的？

③再取出盐桥，在 $ZnSO_4$ 溶液中缓慢倒入与上述②中同体积的 6 mol/L NH_3 溶液，不断搅拌至生成的沉淀又溶解为止。反应为

$$Zn^{2+} + 2NH_3 \cdot H_2O \longrightarrow Zn(OH)_2\downarrow + 2NH_4^+$$

$$Zn(OH)_2 + 4NH_3 \longrightarrow [Zn(NH_3)_4]^{2+} + 2OH^-$$

然后，再放入盐桥，测电动势，其值又有何变化？试解释上面的实验结果。

比较这 3 次电动势的测定结果，说明浓度对电极电势的影响。

(2)酸度的影响

测定以下电池的两极的电压：

$$Fe \mid FeSO_4(1\ mol/L) \parallel K_2Cr_2O_7(0.4\ mol/L) \mid \text{石墨电极}$$

在重铬酸钾电极中，逐滴加入 1 mol/L H_2SO_4 溶液，观察电压有何变化？再往该溶液中滴加 6 mol/L NaOH 溶液，观察电压又有何变化？为什么？用能斯特方程解释实验现象，写出电池符号及电池反应方程式。

4.浓度和酸度对氧化还原反应产物的影响

(1)浓度的影响

在通风橱中进行如表 8-2 所示的实验。

表 8-2　　浓度对氧化还原反应产物的影响

编号	操作内容		现象	解释
试管 1	锌粒	滴加 5 滴 浓 HNO_3 溶液		
试管 2		滴加 5 滴 稀 HNO_3 溶液		

观察试管 1 中有无红棕色 NO_2 气体生成。反应为

$$Zn + 4HNO_3(浓) \longrightarrow Zn(NO_3)_2 + 2NO_2\uparrow + 2H_2O$$

检验试管 2 中有无 NH_4^+ 生成。提示:Zn 与 HNO_3(极稀)溶液反应，观察现象;30 s 后,滴加 NaOH 溶液,振荡,直到锌粒或锌粉溶解;再加过量 NaOH 溶液,加热,在试管口用湿润的 pH 试纸检验有无 NH_3 生成。反应为

$$4Zn + 10HNO_3(极稀) \longrightarrow 4Zn(NO_3)_2 + NH_4NO_3 + 3H_2O$$

$$NH_4NO_3 + NaOH \longrightarrow NaNO_3 + H_2O + NH_3\uparrow$$

(2)酸度的影响

进行如表 8-3 所示的实验。

表 8-3　　酸度对氧化还原反应产物的影响

编号	操作内容			现象	解释
试管 1	滴加 1 滴 0.05 mol/L $KMnO_4$ 溶液	滴加 2 滴 6 mol/L NaOH 溶液	滴加 3 滴 0.3 mol/L Na_2SO_3 溶液		
试管 2		滴加 2 滴 3 mol/L H_2SO_4 溶液			
试管 3		滴加 2 滴蒸馏水			

若 $KMnO_4$ 在酸性介质中加入 Na_2SO_3 后不褪色,则应检查 Na_2SO_3 试剂是否失效;$KMnO_4$ 与 NaOH 和 Na_2SO_3 反应时,Na_2SO_3 用量不宜过多,否则,多余的 Na_2SO_3 会与产物 Na_2MnO_4 反应生成 MnO_2。

5.常见氧化剂、还原剂的反应

(1)$FeCl_3$ 和 $SnCl_2$ 的反应

在试管中加入 1 mol/L 的 $FeCl_3$ 溶液 5 滴,然后逐滴加入 0.5 mol/L 的 $SnCl_2$ 溶液,边加边摇直至黄色褪去,随后滴加 3%的 H_2O_2 溶液,观察溶液颜色变化并解释。

(2)$KMnO_4$ 和 H_2O_2 的反应

向一支试管中加入 0.05 mol/L $KMnO_4$ 溶液 3 滴,3 mol/L H_2SO_4 溶液 10 滴,然后逐滴加入 3%的 H_2O_2 溶液,直至紫色褪去,说明原因。

(3)$K_2Cr_2O_7$ 与 KI,$Na_2S_2O_3$,I_2 的反应

取一支试管加入 0.1 mol/L $K_2Cr_2O_7$ 溶液 1 滴,0.1 mol/L KI 溶液 2 滴,观察试管中是否有反应发生,加入淀粉溶液 3 滴,颜色是否发生变化;然后加 10 滴 1 mol/L HCl 溶液,用 5 mL 去离子水稀释,观察溶液的颜色,再加入 2 mol/L $Na_2S_2O_3$ 溶液数滴,仔细观察溶液的颜色变化,写出有关反应的方程式。

(4) $KMnO_4$ 与 $Na_2C_2O_4$ 的反应

在一支试管中加入 0.05 mol/L $KMnO_4$ 溶液 5 滴，3 mol/L H_2SO_4 溶液 10 滴以及 0.05 mol/L $Na_2C_2O_4$ 溶液 20 滴，混合均匀后在酒精灯上微热，观察现象并写出有关反应方程式。（本反应属于自动催化氧化还原反应，开始反应较慢，一旦有 Mn^{2+} 生成，它就作为催化剂加快反应速度）。

8.5 问题与讨论

1.$KMnO_4$ 与 $Na_2C_2O_4$ 反应时，为何不能用 HCl 作酸性介质？为什么 $KMnO_4$ 能氧化盐酸中的 Cl^- 而不能氧化 NaCl 中的 Cl^-？

2.为什么过氧化氢既可作氧化剂、又可作还原剂？在何种情况下作氧化剂，何种情况下作还原剂？

3.哪些因素可以影响氧化还原反应进行的方向？

4.在 KI(或 KBr)与 $FeCl_3$ 混合溶液中，为什么要加入 CCl_4？

5.是否电极电势越大，反应进行得越快？

6.重铬酸钾与盐酸反应能否制得氯气？与氯化钠溶液反应能否制得氯气？为什么？

7.铜是较不活泼的金属，但能与较活泼金属铁的某些盐溶液(如 $FeCl_3$)进行反应，这是为什么？

8.根据实验结果，说明应怎样装配原电池。如果用铁片代替锌片做原电池原理的实验，会有什么现象发生？如果用导线与一个电流计连接，又会有什么现象发生？

实验 9　过氧化氢含量的测定

9.1 实验目的

1.掌握高锰酸钾法测定过氧化氢含量的原理和方法并熟练滴定操作；

2.掌握自身指示剂判断滴定终点的方法。

9.2 实验原理

过氧化氢(H_2O_2)分子中有一个过氧键—O—O—，在酸性溶液中它是强氧化剂，但遇 $KMnO_4$ 则表现为还原性。测定过氧化氢含量时，在稀硫酸溶液中，室温条件下用高锰酸钾溶液滴定，其反应式为

$$5H_2O_2 + 2MnO_4^- + 6H^+ \longrightarrow 2Mn^{2+} + 5O_2\uparrow + 8H_2O$$

和滴定草酸一样，滴定开始时反应较慢，随着 Mn^{2+} 的生成，反应速度逐渐加快，在滴定时要注意控制滴定速度(慢一快一慢)。以高锰酸钾为自身指示剂。

过氧化氢在工业、生物、医药等方面应用很广泛。如工业上利用 H_2O_2 的氧化性漂白毛、丝织物，医药上常用作消毒剂和杀菌剂。

9.3 仪器与试剂

1.仪器

常量分析仪器一套。

2.试剂

H_2SO_4 溶液(3 mol/L),$c(1/5KMnO_4)$=0.100 0 mol/L 的 $KMnO_4$ 标准滴定溶液,H_2O_2 试样。

9.4 实验内容

(1)用吸量管吸取 1.00 mL H_2O_2 试样置于 250 mL 容量瓶中(预先装有 200 mL 蒸馏水),加水稀释至刻度,充分摇匀。

(2)用移液管移取 25.00 mL 稀释液 3 份,分别置于 3 个 250 mL 锥形瓶中,各加入 5 mL 3 mol/L H_2SO_4 溶液,用 $KMnO_4$ 标准滴定溶液滴定至溶液呈粉红色,30 s 不褪色,即为滴定终点。

(3)计算未经稀释样品中 H_2O_2 的含量。

9.5 数据记录与处理

表 9-1　　过氧化氢含量测定记录及计算

项目名称	项目符号	实验编号		
		1	2	3
测定时量取 H_2O_2 试样体积/mL	V			
滴定试样消耗 $KMnO_4$ 标准滴定溶液体积/mL	V_1			
$KMnO_4$ 标定滴定溶液浓度/($mol \cdot L^{-1}$)	$c(1/5KMnO_4)$			
H_2O_2 的质量浓度/($mg \cdot L^{-1}$)	$\rho(H_2O_2)$			

H_2O_2 的质量浓度计算公式:$\rho(H_2O_2)=\dfrac{c(1/5KMnO_4)\cdot V_1\cdot M(1/2H_2O_2)}{V\cdot\dfrac{25.00}{250}}$

9.6 问题与讨论

1.氧化还原滴定法测 H_2O_2 含量的基本原理是什么?$KMnO_4$ 与 H_2O_2 反应的物质的量之比是多少?如何计算试样中 H_2O_2 的含量?

2.用 $KMnO_4$ 法测定 H_2O_2 含量时,能否用 HNO_3,HCl,HAc 控制酸度?为什么?

3.若试样中 H_2O_2 的质量分数为 3%,则应如何测定?

4.H_2O_2 与 $KMnO_4$ 反应较慢,可否用加热的方法加快反应速度?为什么?

附　高锰酸钾标准滴定溶液的配制

1.试剂

$KMnO_4$(AR,固),H_2O_2(工作基准试剂或 GR,固),H_2SO_4(8+92)

2.原理

$KMnO_4$是氧化还原滴定中最常用的氧化剂之一。市售 $KMnO_4$常含有杂质,且易与还原物质发生反应,光照或 MnO_2等都能促进其分解,因此配制 $KMnO_4$溶液时要保持微沸 1h 或放置数天，待将还原性物质充分氧化后，过滤除去杂质，保存于棕色瓶中，标定其准确浓度。

$Na_2C_2O_4$是标定 $KMnO_4$的常用基准物质，其反应如下：

$5C_2O_4^{2-} + 2MnO_4^- + 16H^+ \longrightarrow 10CO_2\uparrow + 2Mn^{2+} + 8H_2O$

反应需要在酸性、较高温度及有 Mn^{2+} 作催化剂的条件下进行。滴定初期，反应很慢，必须逐滴加入，否则若滴加过快，部分 $KMnO_4$ 在热溶液中将产生分解而造成误差。反应如下：

$4KMnO_4 + 2H_2SO_4 \longrightarrow 4MnO_2\downarrow + 2K_2SO_4 + 2H_2O + 3O_2\uparrow$

伴随着滴定的进行，生成的 Mn^{2+} 逐渐增多，使反应逐渐加快。由于 $KMnO_4$ 具有特殊的紫红色，故无须另加指示剂。

3.配制步骤

(1)$c(1/5KMnO_4)$＝0.1 mol/L 溶液的配制

称取 3.3 g 高锰酸钾，溶于 1 050 mL 水中，缓缓煮沸 15 min，冷却，于暗处保存两周。用已处理过的微孔玻璃漏斗(3 号或 4 号)过滤。滤液储存于棕色试剂瓶中。在室温下，静置 7～10 天后过滤备用。

(2)$c(1/5KMnO_4)$＝0.1 mol/L 溶液的标定

准确称取 0.25 g 工作基准试剂草酸钠(精确至 0.000 1 g。试剂已于电烘箱中在 105～110 ℃干燥至恒重)。于 250 mL 锥形瓶中，以 100 mL H_2SO_4(8＋92)溶液将其溶解，用配制好的高锰酸钾溶液滴定，邻近终点时加热至 65 ℃，继续滴定至溶液呈淡红色并保持 30 s 不褪色即为终点，记录消耗的 $KMnO_4$ 溶液的体积。平行标定 3 次。同时做空白试验。

4. 数据记录与处理(表 9-2)

表 9-2　　高锰酸钾标准滴定溶液标定记录及计算

项目名称	项目符号	实验编号		
		1	2	3
准确称取的草酸钠的质量/g	$m(Na_2C_2O_4)$			
滴定消耗的 $KMnO_4$ 溶液体积/mL	V_1			
空白试验消耗的 $KMnO_4$ 溶液体积/mL	V_0			
$KMnO_4$ 标定滴定溶液浓度/($mol \cdot L^{-1}$)	$c(1/5KMnO_4)$			
$KMnO_4$ 标定滴定溶液浓度平均值/($mol \cdot L^{-1}$)	$\bar{c}(1/5KMnO_4)$			

$KMnO_4$ 标准滴定溶液浓度的计算公式：$c(1/5KMnO_4) = \dfrac{m(Na_2C_2O_4) \cdot 1\,000}{(V_1 - V_0) \cdot M(1/2Na_2C_2O_4)}$

实验 10　配合物的组成和性质

10.1　实验目的

1.了解配合物的生成和组成，能书写配合物的化学式及命名；

2.了解配合物与简单离子及复盐的区别，了解配合物颜色的变化，深刻理解物质组成对性质的影响；

3.理解配位平衡与其他平衡的关系，能书写有关反应方程式和计算转化平衡常数；

4.熟练离心机的使用、沉淀的洗涤等操作。

10.2 实验原理

配合物是指配分子或含有配离子的化合物。而配离子或配分子是由一个阳离子(或原子)和一定数目的中性分子或阴离子以配位键相结合形成的能稳定存在的复杂离子或分子。如$[Cu(NH_3)_4]SO_4$，$[Ni(CO)_4]$等。

与中心原子直接相连的原子叫作配位原子，配位原子数称为配位数。例如，在$[Cu(NH_3)_4]SO_4$中N原子为配位原子，配位数是4。

含有一个配位原子的配体叫作单齿配体，否则为多齿配体。多齿配体通过两个或两个以上的配位原子与一个中心原子形成的配合物称为螯合物。

配合物与复盐的区别在于前者在水溶液中仅能部分解离为中心离子和配位体，而后者在水溶液中却能解离为简单离子。例如，在水溶液中

配合物 $$[Cu(NH_3)_4]SO_4 \longrightarrow [Cu(NH_3)_4]^{2+} + SO_4^{2-}$$

$$[Cu(NH_3)_4]^{2+} \rightleftharpoons Cu^{2+} + 4NH_3\uparrow$$

复盐 $$NH_4Fe(SO_4)_2 \longrightarrow NH_4^+ + Fe^{3+} + 2SO_4^{2-}$$

简单离子形成配合物后，其颜色、溶解度、电极电势等都会发生变化，往往和原物质有很大的差别。这些性质的变化可用于化学分析及生产实验中。例如

$$\underset{(黄色)}{[CuCl_4]^{2-}} + 4H_2O \rightleftharpoons \underset{(蓝色)}{[Cu(H_2O)_4]^{2+}} + 4Cl^-$$

$$\underset{(黄色)}{Fe^{3+}} + nSCN^- \rightleftharpoons \underset{(血红色)}{[Fe(SCN)_n]^{3-n}} \quad (n=1\sim6)$$

$$\underset{(黄色)}{Fe^{3+}} + 6F^- \rightleftharpoons \underset{(无色)}{[FeF_6]^{3-}}$$

配位平衡与沉淀溶解平衡、配离子之间的平衡、酸碱平衡、氧化还原平衡等有着密切的联系，这些知识可广泛用于物质的分离、提纯、检验等方面。

10.3 仪器与试剂

1.仪器

试管，离心试管，胶头滴管，离心机。

2.试剂

$CuSO_4$ 溶液(0.1 mol/L)，NH_3 溶液(2 mol/L，6 mol/L)，NaOH 溶液(2 mol/L)，$BaCl_2$ 溶液(2 mol/L，0.1 mol/L)，Na_2S 溶液(0.5 mol/L)，$AgNO_3$ 溶液(0.1 mol/L)，KI 溶液(0.1 mol/L)，$Fe_2(SO_4)_3$ 溶液(0.1 mol/L)，NH_4SCN 溶液(0.1 mol/L)，NaF 溶液(2 mol/L，0.1 mol/L)，$FeCl_3$ 溶液(0.1 mol/L)，KSCN 溶液(0.1 mol/L)，$K_3[Fe(CN)_6]$ 溶液(0.1 mol/L)，$NH_4Fe(SO_4)_2$ 溶液(0.1 mol/L)，$CuCl_2$ 溶液(1 mol/L)，$AgNO_3$ 溶液(0.1 mol/L)，NaCl 溶液(0.1 mol/L)，$Na_2S_2O_3$ 溶液(0.5 mol/L)，$Fe(NO_3)_3$ 溶液(0.1 mol/L)，KBr 溶液(0.1 mol/L)，HCl 溶液(6 mol/L)，EDTA溶液(0.1 mol/L)，CCl_4(液)，$(NH_4)_2C_2O_4$ 溶液(饱和)，奈斯勒试剂。

10.4 实验内容

1.配合物的组成

(1)取 2 支试管,各加入 10 滴 0.1 mol/L $CuSO_4$ 溶液,然后分别加入 2 滴 0.1 mol/L $BaCl_2$ 溶液和 2 mol/L NaOH 溶液,观察现象。

(2)取 1 mL 0.1 mol/L $CuSO_4$ 溶液,加入 6 mol/L NH_3 溶液至变成深蓝色溶液,再多加数滴。然后将其分装于 3 支试管中。

第 1 支试管中,滴加 2 滴 2 mol/L NaOH 溶液,观察有无沉淀生成。

第 2 支试管中,滴加 2 滴 2 mol/L $BaCl_2$ 溶液,观察有无沉淀生成。

第 3 支试管中,滴加 2 滴 0.5 mol/L Na_2S 溶液,观察有无沉淀生成。

根据实验结果,说明 $CuSO_4$ 与 NH_3 生成的配合物的组成。

2.配离子稳定性的比较

(1)在 1 支试管中,加入 10 滴 0.1 mol/L $AgNO_3$ 溶液,再滴加 2 mol/L NH_3 溶液,直至生成沉淀又溶解,再多加数滴。将所得溶液分别盛在两支试管中,各加入 2 滴 2 mol/L NaOH 溶液和 0.1 mol/L KI 溶液,观察现象(为防止银氨配合物生成易爆炸的氮化银沉淀,产物要用盐酸处理,使其转化为 AgCl 回收)。

(2)取 10 滴 0.1 mol/L $Fe_2(SO_4)_3$ 溶液于试管中,逐滴加入 6 mol/L HCl 溶液,观察现象,加入 2 滴 0.1 mol/L NH_4SCN 溶液,观察溶液颜色变化,再往溶液中滴加 2 mol/L NaF 溶液,有何现象?比较生成的各种配离子的稳定性。

3.简单离子与配离子的区别

(1)在 1 支试管中滴入 5 滴 0.1 mol/L $FeCl_3$ 溶液,加入 1 滴 0.1 mol/L KSCN 溶液,观察现象。溶液保存备用。

(2)以 0.1 mol/L 铁氰化钾 $K_3[Fe(CN)_6]$溶液代替 0.1 mol/L $FeCl_3$ 溶液,做同样实验,观察溶液是否呈血红色。根据实验说明简单离子和配离子有何区别。

4.配合物与复盐的区别

在 3 支试管中,各滴入 10 滴 0.1 mol/L $NH_4Fe(SO_4)_2$ 溶液,分别用奈斯勒试剂、KSCN 和 $BaCl_2$ 溶液检验溶液中是否含有 NH_4^+,Fe^{3+} 和 SO_4^{2-}。

比较实验 3.(2)和本实验结果,说明配合物和复盐有何区别。

说明:奈斯勒试剂是 $K_2[HgI_4]$与 KOH 的混合溶液,向含有 NH_4^+ 的溶液中加入奈斯勒试剂,即能生成红褐色沉淀。反应为

$$NH_4^+ + 2[HgI_4]^{2-} + 4OH^- \longrightarrow \left[O\begin{matrix} \diagup Hg \diagdown \\ \diagdown Hg \diagup \end{matrix}NH_2\right]I\downarrow + 7I^- + 3H_2O$$

(红褐色)

5.配离子颜色的变化

(1)在 1 支试管中加入 5 滴 1 mol/L $CuCl_2$ 溶液,逐滴加入浓 HCl 溶液,观察溶液颜色的变化。然后逐滴加水稀释,观察溶液颜色有什么变化。解释现象。

(2)在 3.(1)保存的溶液中,逐滴加入 0.1 mol/L NaF 溶液,可以观察到溶液颜色又逐

渐褪去。解释现象。

6.配位平衡的移动

(1)配位平衡与沉淀平衡的关系

在离心试管中加入5滴0.1 mol/L $AgNO_3$溶液和5滴0.1 mol/L NaCl溶液,离心分离,弃去上清液,用少量去离子水洗涤,离心分离,弃去洗涤液。在沉淀上加入2 mol/L NH_3溶液使沉淀溶解,再往所得溶液中加1滴0.1 mol/L NaCl溶液,观察现象;再加入1滴0.1 mol/L KBr溶液,有何现象发生?若有AgBr沉淀生成,使AgBr沉淀完全,离心分离,洗涤沉淀两次。然后加入0.5 mol/L $Na_2S_2O_3$溶液,使沉淀溶解。往所得溶液中加1滴0.1 mol/L KBr溶液,是否有AgBr沉淀生成?再加入1滴0.1 mol/L KI溶液,有何现象发生?

通过上述实验比较AgCl,AgBr,AgI的$K_{sp}^{\ominus}$大小和$[Ag(NH_3)_2]^+$,$[Ag(S_2O_3)_2]^{3-}$的稳定性。写出转化反应方程式和转化平衡常数表达式。

(2)配位平衡之间的转化

取2滴0.1 mol/L $Fe_2(SO_4)_3$溶液,加入8滴饱和$(NH_4)_2C_2O_4$溶液,溶液颜色有何变化?加入1滴0.1 mol/L NH_4SCN溶液,溶液颜色有无变化?写出转化反应方程式和转化平衡常数表达式。

(3)配位平衡与酸碱平衡的关系

若向上述溶液中逐滴加入6 mol/L HCl溶液,颜色有何变化?解释观察到的现象。

(4)配位平衡与氧化还原平衡的关系

往1支试管中加入1 mL 0.1 mol/L $FeCl_3$溶液,滴加0.1 mol/L KI溶液至棕色,加入少量CCl_4,振荡后观察CCl_4层的颜色。写出化学反应方程式。

另取1支试管,加入1 mL 0.1 mol/L $FeCl_3$溶液,滴加2 mol/L NaF溶液至无色,再加入少量0.1 mol/L KI溶液和CCl_4,振荡,观察CCl_4层的颜色。解释现象,并写出有关化学反应方程式。

7.螯合物的生成

取5滴0.1 mol/L $Fe(NO_3)_3$溶液,加入0.1 mol/L NH_4SCN溶液,滴加0.1 mol/L EDTA溶液,有何现象发生?写出化学反应方程式。

10.5 问题与讨论

1.怎样根据实验结果推测铜氨配离子的生成、组成和解离?

2.配合物与复盐有何区别?如何证明?

3.有哪些方法可证明$[Ag(NH_3)_2]^+$溶液中含有Ag^+?

4.写出实验中有关转化反应方程式。

实验11 水的硬度的测定

11.1 实验目的

1.了解水的硬度的测定意义和常用的硬度表示方法;

2.掌握 EDTA 法测定水的硬度的原理和方法；

3.掌握铬黑 T 和钙指示剂的应用，了解金属指示剂的特点。

11.2　实验原理

水的硬度是指溶解在水中的钙盐与镁盐的含量。由于水中与碳酸氢根和碳酸根结合的钙、镁离子所形成的硬度经煮沸后可去掉，所以这种硬度称为暂时性硬度，又叫碳酸盐硬度。水中以硫酸钙和硫酸镁等形式存在的钙、镁离子所形成的硬度经煮沸后不能去除，称为永久性硬度。以上两种硬度合称为总硬度。

水的硬度的表示方法很多，我国主要以度(°) 表示。1°表示每升水中含 10 mg CaO。如表 11-1 所示，按硬度不同将水质分类。

表 11-1　　水质按硬度分类

总硬度/(°)	水质	总硬度/(°)	水质
0～4	很软水	16～30	硬水
4～8	软水	30 以上	很硬水
8～15	中等硬水		

我国大部分地区的生活用水为净化处理后的自来水，硬度范围为 8°～14°。有时也采用 $CaCO_3$ 的含量(mg/L)来表示硬度。例如，我国 GB 5749-2006《生活饮用水标准》中规定，饮用水的钙镁总含量以 $CaCO_3$ 计，不能超过 450 mg/L。

用 EDTA 测定 Ca^{2+} 与 Mg^{2+} 含量时，通常在两个等量溶液中分别测定 Ca^{2+} 以及 Ca^{2+} 和 Mg^{2+} 的总含量，Mg^{2+} 含量则通过计算求出。

在测定 Ca^{2+} 含量时，先用 NaOH 调节溶液到 pH＝12～13，使 Mg^{2+} 生成难溶的 $Mg(OH)_2$沉淀。加入钙指示剂与 Ca^{2+} 配位，呈红色。滴定时，EDTA 与游离 Ca^{2+} 配位，然后夺取已和指示剂配位的 Ca^{2+}，使溶液由红色变成纯蓝色为终点。从 EDTA 标准溶液用量可计算 Ca^{2+} 的含量。

测定 Ca^{2+} 与 Mg^{2+} 总含量时，在 pH＝10 的缓冲溶液中，以铬黑 T 为指示剂，用 EDTA 滴定。因稳定性 $CaY^{2-} > MgY^{2-} > MgIn^{-} > CaIn^{-}$，故 EDTA 夺取 $MgIn^{-}$ 中的 Mg^{2+} 和 $CaIn^{-}$ 中的 Ca^{2+}，使铬黑 T 游离，因此到达终点时，溶液由红色变为纯蓝色。根据 EDTA 标准溶液的用量，即可以计算样品中的钙镁总含量，然后换算为相应的硬度单位。

$$H_2Y^{2-} + Ca^{2+} \rightleftharpoons [CaY]^{2-} + 2H^+$$

$$H_2Y^{2-} + Mg^{2+} \rightleftharpoons [MgY]^{2-} + 2H^+$$

$$H_2Y^{2-} + MgIn^{-} \rightleftharpoons [MgY]^{2-} + HIn^{2-} + H^+$$

$$CaIn^{-} + H_2Y^{2-} + OH^{-} \rightleftharpoons [CaY]^{2-} + HIn^{2-} + H_2O$$

硬度较大的水样，加入 1～2 滴盐酸(1＋1)溶液酸化，加热煮沸数分钟以除去 CO_2，用三乙醇胺掩蔽 Fe^{3+} 与 Al^{3+} 等共存离子，用 Na_2S 消除 Cu^{2+} 和 Pb^{2+} 等离子的影响。

11.3　仪器与试剂

1.仪器

常量分析仪器一套。

2.试剂

EDTA 标准溶液(0.005 mol/L)，NaOH 溶液(10%)，NH_3-NH_4Cl 缓冲溶液(pH＝

10)，铬黑 T 指示剂，钙指示剂。

11.4 实验内容

1.Ca^{2+} 含量的测定

用移液管准确吸取水样 100 mL 于 250 mL 锥形瓶中，加入 4 mL 10% NaOH 溶液，4～5 滴钙指示剂(若为固体则取约 0.1 g，绿豆粒大小)。用 EDTA 标准溶液滴定，不断摇动锥形瓶，当溶液变为纯蓝色时，即为终点。记下所用体积 V_1。用同样方法平行测定 3 组。

2.Ca^{2+} 和 Mg^{2+} 总含量的测定

准确取水样 100 mL 于 250 mL 锥形瓶中，加入 5 mL NH_3-NH_4Cl 缓冲溶液，3 滴铬黑 T 指示剂。用 EDTA 标准溶液滴定，当溶液由红色变为纯蓝色时，即为终点。记下所用体积 V_2。用同样的方法平行测定 3 组。

11.5 数据记录与处理

表 11-2　　水的硬度测定记录及计算

项目名称	项目符号	实验编号		
		1	2	3
水样的体积/mL	V	100.00	100.00	100.00
EDTA 标定滴定溶液浓度/$(mol \cdot L^{-1})$	$c(EDTA)$			
滴定 Ca^{2+} 消耗 EDTA 标准滴定溶液体积/mL	V_1			
滴定 Ca^{2+} 消耗 EDTA 标准滴定溶液体积平均值/mL	$\overline{V}_1$			
滴定 Ca^{2+} 和 Mg^{2+} 消耗 EDTA 标准滴定溶液体积/mL	V_2			
滴定 Ca^{2+} 和 Mg^{2+} 消耗 EDTA 标准滴定溶液体积平均值/mL	$\overline{V}_2$			

$$钙硬度(°)=\frac{c(EDTA)\cdot \overline{V}_1\cdot M(CaO)\cdot 10^3}{V\cdot 10}$$

水硬度计算公式：
$$总硬度(°)=\frac{c(EDTA)\cdot \overline{V}_2\cdot M(CaO)\cdot 10^3}{V\cdot 10}$$

$$镁硬度(°)=\frac{c(EDTA)\cdot (\overline{V}_2-\overline{V}_1)\cdot M(CaO)\cdot 10^3}{V\cdot 10}$$

11.6 问题与讨论

1.Ca^{2+}，Mg^{2+} 与 EDTA 的配合物，哪个更稳定？为什么滴定 Mg^{2+} 含量时要控制溶液 pH=10，而滴定 Ca^{2+} 含量时则需控制溶液 pH=12～13？

2.测定的水样中若含有少量 Fe^{3+} 或 Cu^{2+}，则对终点会有什么影响？如何消除其影响？

3.若在 pH>13 的溶液中测定 Ca^{2+} 含量会怎么样？

4.测定钙硬度时，为什么要加盐酸溶液？加盐酸溶液时应注意什么问题？

5.若钙镁总含量以 $CaCO_3$ 计，应如何计算？

实验 12　卤素及其重要化合物的性质

12.1 实验目的

1.了解氯、溴、碘单质的溶解性，能指出它们在水及 CCl_4 中的颜色；

2.掌握卤素单质间的置换反应规律，会检验卤素单质的存在；

3.了解卤化物和氯酸盐的性质；

4.掌握 Cl^-，Br^-，I^- 的分离和检验方法。

12.2 实验原理

卤素单质为非极性分子，根据相似相溶原理，它们在水中的溶解度较小，而在四氯化碳等非极性有机溶剂中的溶解度较大，并显不同颜色，因此常用来提纯单质或判断其是否存在。

实验室通常通过食盐和硫酸发生复分解反应来制取氯化氢。

$$NaCl + H_2SO_4(浓) \longrightarrow NaHSO_4 + HCl$$

但此法不适于制备溴化氢和碘化氢，因为硫酸可继续将溴化氢和碘化氢氧化成单质溴和碘。

$$2HBr + H_2SO_4(浓) \longrightarrow SO_2\uparrow + 2H_2O + Br_2$$

$$8HI + H_2SO_4(浓) \longrightarrow H_2S\uparrow + 4H_2O + 4I_2$$

氯化氢为无色气体，极易溶于水，室温下 1 体积水能溶解 500 体积的 HCl，其水溶液成为氢氯酸，俗称盐酸。纯的盐酸是无色液体，具有挥发性。

盐酸能与 $AgNO_3$ 作用，生成白色的 AgCl 沉淀。盐酸挥发出的 HCl 能与浓氨水挥发出的 NH_3 反应生成“白烟”，即细小的 NH_4Cl 颗粒。

$$NH_3 + HCl \longrightarrow NH_4Cl$$

利用该反应可以互检盐酸和浓氨水的存在。

卤素单质的活泼性按 Cl_2，Br_2，I_2 的顺序依次减弱，因此后者能被前者从二元盐溶液中置换出来。例如

$$Cl_2 + 2I^- \longrightarrow 2Cl^- + I_2$$

$$Cl_2 + 2Br^- \longrightarrow 2Cl^- + Br_2$$

$$Br_2 + 2I^- \longrightarrow 2Br^- + I_2$$

将氯气通入水中可产生次氯酸(HClO)，加入 NaOH 即有次氯酸钠(NaClO)生成。

$$Cl_2 + 2NaOH \longrightarrow NaClO + NaCl + H_2O$$

次氯酸及其盐都具有氧化作用和漂白作用，可使品红溶液褪色。

若在上述溶液中加入盐酸溶液，则有氯气生成，因而可使淀粉碘化钾试纸变蓝。

$$NaClO + 2HCl \longrightarrow NaCl + Cl_2\uparrow + H_2O$$

若在上述溶液中加入 KI 溶液，再滴加淀粉溶液可检验出有 I_2 生成。

$$NaClO + 2KI + H_2O \longrightarrow I_2 + NaCl + 2KOH$$

$KClO_3$ 在碱性溶液中无氧化作用，但在酸性溶液中是强氧化剂。例如

$$KClO_3 + 6HCl \longrightarrow KCl + 3Cl_2\uparrow + 3H_2O$$

在酸性溶液中，$KClO_3$ 还能将 I_2 氧化成 HIO_3。

$$2ClO_3^- + I_2 + 2H^+ \longrightarrow 2HIO_3 + Cl_2\uparrow$$

Cl^-，Br^-，I^- 等卤离子可与 Ag^+ 反应生成不同颜色的沉淀，因此可用来检验溶液中是否存在 Ag^+。

12.3 仪器与试剂及材料

1.仪器

无机化学实验常用仪器一套,圆底烧瓶,分液漏斗,水槽,广口瓶。

2.试剂及材料

氯水(新制),溴水,碘水,CCl_4(液),I_2(固),KI(固),KI 溶液(0.1 mol/L),NaCl(固),NaCl 溶液(0.1 mol/L),H_2SO_4 溶液(浓,2 mol/L,1∶1),$AgNO_3$ 溶液(0.1 mol/L),NaI 溶液(0.1 mol/L),NaBr 溶液(0.1 mol/L),NaOH 溶液(2 mol/L),$NH_3 \cdot H_2O$ 溶液(浓),KBr(固),KBr 溶液(0.1 mol/L),$FeCl_3$ 溶液(0.1 mol/L),HCl 溶液(浓,2 mol/L),$KClO_3$ 溶液(饱和),HNO_3 溶液(0.1 mol/L),Na_2CO_3(固),品红溶液,淀粉溶液,蓝色石蕊试纸,pH 试纸,淀粉 KI 试纸,$Pb(Ac)_2$ 试纸。

12.4 实验内容

1.氯、溴、碘的性质

(1)氯、溴、碘的溶解性

①观察氯水、溴水、碘水的颜色。

②在 3 支试管中,分别加入 1 mL 氯水、溴水和碘水,再向每支试管中各滴入 10 滴 CCl_4。振荡,然后将试管静置于试管架上。观察水层和 CCl_4 层的颜色。

由上述实验现象说明卤素单质的溶解性。

③取少量碘晶体放在试管中并加入 1~2 mL 水,观察碘溶液的颜色,再加入几滴 0.1 mol/L KI 溶液,碘溶液的颜色有无变化?解释原因。继续加入少量 CCl_4,振荡试管,观察水层和 CCl_4 层颜色的变化,记录于表 12-1 中。

表 12-1　卤素单质性质比较表

卤素(X_2)	存在状态及颜色	在水中的溶解情况及颜色	在 CCl_4 中的溶解情况及颜色	在 KI 溶液中的溶解情况及颜色
Cl_2				
Br_2				
I_2				
结论				

(2)氯化氢的制取和性质

取 15~20 g NaCl 放入 500 mL 圆底烧瓶中,按图 12-1 所示将仪器装配好(在通风橱内)。从分液漏斗中逐滴注入 30~40 mL 浓硫酸溶液,微热,用向上排气法收集生成的氯化氢气体备用。

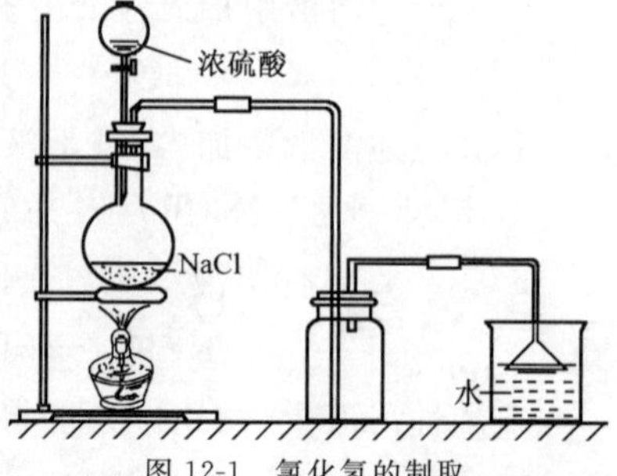

图 12-1　氯化氢的制取

①用带有一次性塑料手套的手指堵住收集 HCl 气体的试管口,并将试管倒插入盛水的水槽中(图 12-2),轻轻地把堵住试管口的手指掀开一道小缝,观察现象并解释原因。再用带有一次性塑料手套的手指堵住试管口,将试管自水中取出,用蓝色石蕊试纸检验试管中溶液的酸碱性,并用 pH 试纸测试 HCl 溶液的 pH。

②在上述盛有 HCl 溶液的试管中,滴入几滴 0.1 mol/L $AgNO_3$ 溶液,观察现象,写

出化学反应方程式。

③把滴入几滴浓氨水的广口瓶与充有 HCl 气体的广口瓶口对口靠近(图 12-3),抽去瓶口的玻璃片,观察反应现象并加以解释。

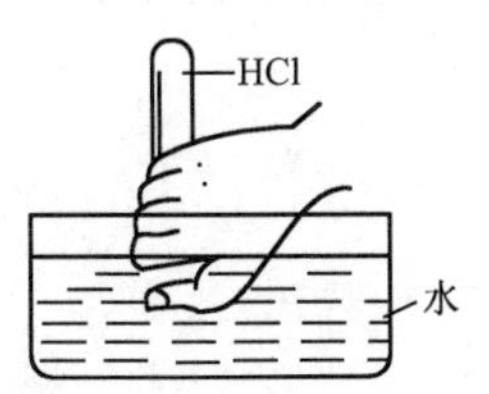

图 12-2 氯化氢在水中的溶解

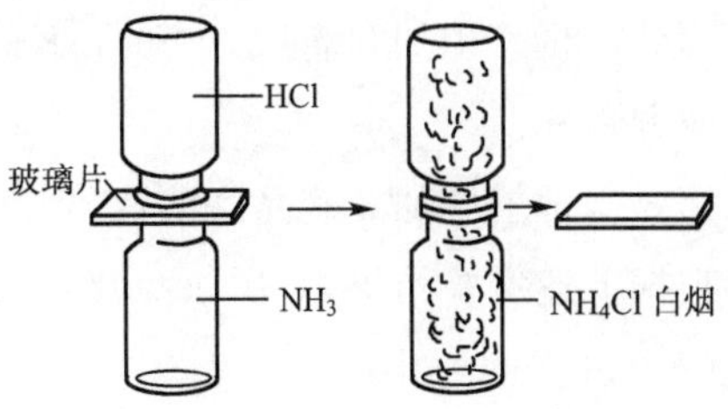

图 12-3 HCl 与浓氨水的反应

(3)验证卤素间的置换顺序

①氯单质置换碘。用镊子夹取一小块湿润的淀粉 KI 试纸,放到盛有新制氯水的试管口(图 12-4),观察试纸颜色的变化。

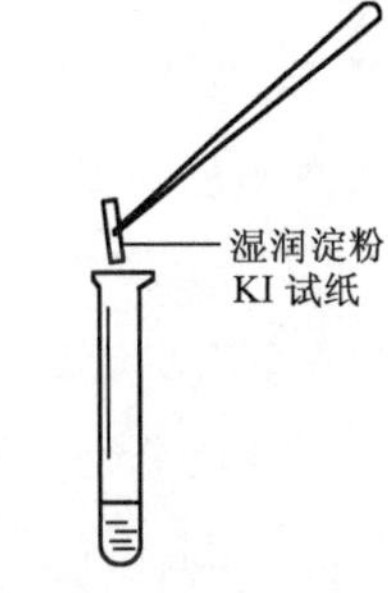

图 12-4 氯气置换碘的实验

②氯、溴单质置换碘。向两支试管中分别加入少量 0.1 mol/L NaI 溶液,向其中的 1 支试管中滴加 2～3 滴氯水,向另 1 支试管中滴加 2～3 滴溴水。然后再分别向两支试管中加入少量淀粉溶液。观察现象并解释原因,写出有关离子反应方程式。

③氯单质置换溴。向两支试管中分别加入 1 mL 0.1 mol/L NaBr 溶液。向其中的 1 支试管中滴加 2～3 滴氯水,向另 1 支试管中滴加2～3 滴碘水。观察现象并解释原因,写出有关离子反应方程式。

通过以上实验确定氯、溴、碘的氧化性强弱。

(4)卤素的歧化反应

在碘水中滴加 2 mol/L NaOH 溶液,观察现象。再加入数滴 2 mol/L H_2SO_4 溶液,有何变化?

用溴水代替碘水有何现象?

2.卤化物的性质

(1)HX 的制备和还原性

在 3 支试管中,分别加入少量 NaCl,KBr,KI 固体,再各加入 1 mL 浓硫酸溶液,微热并分别用蘸有浓 $NH_3 \cdot H_2O$ 的玻璃棒、淀粉 KI 试纸和 $Pb(Ac)_2$ 试纸检验各试管中逸出的气体,写出化学反应方程式。

根据实验结果说明制备 HBr 和 HI 应采取的方法。

(2)Br^- 和 I^- 的还原性比较

用 0.1 mol/L $FeCl_3$ 溶液分别与 0.1 mol/L KBr 和 KI 溶液作用,分别用淀粉 KI 试纸和淀粉溶液检验有无 Br_2 和 I_2 生成。比较 Br^- 和 I^- 的还原性。写出化学反应方程式。

3.氯酸盐的氧化性

(1)ClO^- 的氧化性

取 1 mL 氯水,加入 1～2 滴 2 mol/L NaOH 溶液,用 pH 试纸检查溶液刚到碱性即止，将溶液分装于3支试管中。

第1支试管中加5滴2 mol/L HCl溶液，用淀粉碘化钾试纸检验有无Cl_2生成。写出化学反应方程式。

第2支试管中加5滴0.1 mol/L KI溶液，再滴加淀粉溶液检验有无I_2生成。写出化学反应方程式。

第3支试管中加3滴品红溶液，观察颜色变化。

根据上述实验结果，对次氯酸及其盐的性质得出结论。

(2)ClO_3^-的氧化性

①取10滴饱和$KClO_3$溶液，加入3滴浓HCl溶液，用淀粉碘化钾试纸检验有无Cl_2生成。

②取3滴0.1 mol/L KI溶液，加入少量饱和$KClO_3$溶液，再逐滴加入1∶1 H_2SO_4溶液，观察颜色变化，比较$HClO_3$与HIO_3氧化性强弱。写出离子反应方程式。

4.卤离子的检验

(1)在盛有少量2 mol/L HCl溶液的试管里，滴入几滴$AgNO_3$溶液，振荡并观察现象。

(2)在3支分别盛有1 mL浓度均为0.1 mol/L的NaCl，KBr，KI溶液的试管里，滴入2滴0.1 mol/L HNO_3溶液，再逐滴加入0.1 mol/L $AgNO_3$溶液，振荡。观察3支试管中沉淀的生成及颜色。写出有关离子反应方程式。

(3)有一包白色粉末，可能含有NaCl和Na_2CO_3中的一种或两种，试用实验方法确定该白色粉末是什么物质。

12.5 问题与讨论

1.总结常态下卤素单质的状态和颜色。

2.实验室中如何制备氯化氢与溴化氢？

3.为什么在检测Cl^-时，要向待检测溶液中加入少量稀硝酸？

4.可以用哪些方法来鉴别NaCl，NaBr，KI三种物质？

5.氯酸盐在什么条件下有明显氧化性？加入什么物质可使其具有较强氧化性？

6.向未知溶液中加入$AgNO_3$，若无沉淀生成，能否说明溶液中不存在卤素离子？

附　试纸的种类与使用

试纸是用浸渍了指示剂或液体试剂的滤纸制成的，用来定性检验一些溶液的性质或某些物质的存在，其制作简易、反应快速、使用方便，但必须密封保存，防止被实验室里的气体或其他物质污染而变质、失效。试纸可粗略分为酸碱试纸和特性试纸两类。

检验溶液酸碱性的试纸有pH试纸、蓝色石蕊试纸和其他酸碱试纸(如酚酞试纸、苯胺黄试纸、中性红试纸等)。其中，pH试纸有商品出售，国产pH试纸分广泛pH试纸和精密pH试纸两类，广泛pH试纸按变色范围分为1～10，1～12，1～14和9～14四种，可以识别的 pH 差值为 1,最常用的是 1～14 的 pH 试纸。石蕊试纸有商品出售,分红、蓝两种。酸性溶液使蓝色试纸变红,碱性溶液使红色试纸变蓝。

使用石蕊试纸或酚酞试纸时,用镊子取一小块试纸放在干净的表面皿边缘或点滴板上。用玻璃棒将待测溶液搅拌均匀,并蘸取少许溶液点在试纸中部,观察颜色变化,确定溶液的酸碱性。pH 试纸的用法与此相似,试纸变色后与标准比色卡比较,确定溶液 pH。

特性试纸一般为自制的专用试纸。表 12-2 所示为几种常用特性试纸的制备方法及用途。

表 12-2　常用特性试纸的制备方法及用途

试纸名称	制备方法	用　途	原理示例
淀粉碘化钾试纸	将 3 g 淀粉溶于 25 mL 水中,再倾入 225 mL 沸水中,然后加入 1 g KI 和 1 g Na_2CO_3,用水稀释至 500 mL。将滤纸浸渍后,在阴凉处晾干,剪成条状保存于棕色瓶中	检验 Cl_2,Br_2,NO_2,O_2,HClO 等氧化剂,试纸变蓝	$2I^- + Cl_2 \longrightarrow I_2 + 2Cl^-$ I_2+淀粉溶液 ⟶ 蓝色
醋酸铅试纸	用 3%$Pb(Ac)_2$ 溶液浸渍滤纸,在无 H_2S 环境中晾干	检验 H_2S,试纸变黑	$Pb(Ac)_2 + H_2S \longrightarrow PbS\downarrow + 2HAc$
硝酸银试纸	用 2.5%$AgNO_3$ 溶液浸渍滤纸,取出晾干后,剪成条状保存于棕色瓶中	检验 AsH_3 气体,试纸变黑	$AsH_3 + 6AgNO_3 + 3H_2O \longrightarrow 6Ag + 6HNO_3 + H_3AsO_3$
电极试纸	将 1 g 酚酞溶于 100 mL 乙醇溶液中,5 g NaCl 溶于 100 mL 水中,将两溶液等体积混合,将滤纸浸渍后晾干	检验电池的电极,润湿后,接到电池两极上,负极处试纸变为红色	$2NaCl + 2H_2O \longrightarrow 2NaOH + H_2\uparrow + Cl_2\uparrow$ NaOH + 酚酞溶液 ⟶ 红色

使用淀粉碘化钾试纸时,可将一小块试纸润湿后粘在一洁净的玻璃棒的一端,然后放在盛待测溶液的试管口,如有待测气体逸出则试纸变色,若逸出气体较少,可将试纸伸进试管。但要注意勿使试纸接触待测溶液。

醋酸铅试纸和硝酸银试纸用法与淀粉碘化钾试纸基本相同,区别是润湿后的试纸应盖在放有反应溶液的试管口上。

使用试纸时,每次用一小块即可;取用时不要直接用手拿,以免玷污试纸;取后盖严容器;用过后的试纸投入废物箱中。

实验 13　氮、氧、硫化合物的重要性质

13.1　实验目的

1.掌握硝酸的氧化性及其还原产物和硝酸盐的热稳定性,亚硝酸和亚硝酸盐的氧化性和还原性,会鉴别硝酸盐和亚硝酸盐,会进行 NH_4^+,NO_3^-,NO_2^- 和 H_2O_2 的鉴定;

2.了解金属硫化物的溶解特性,能根据其特性鉴别金属硫化物;

3.掌握过氧化氢的氧化性和还原性,硫化氢、硫代硫酸盐的还原性,亚硫酸及其盐的氧化性和还原性,过硫酸盐的氧化性,会鉴别 S^{2-},SO_3^{2-},$S_2O_3^{2-}$;

4.熟练离心机的使用及沉淀的洗涤等操作。

13.2 实验原理

1.氮的化合物

氮为ⅤA族元素,原子的价电子构型为 $2s^22p^3$,常见氧化数为+3,+5,-3。

HNO_3 既有强酸性,又有强氧化性,且氧化性随浓度的降低而减弱。浓硝酸氧化非金属的还原产物通常是NO。稀硝酸与非金属一般不反应。

硝酸与金属反应的还原产物主要取决于硝酸的浓度和金属的活泼性。一般浓硝酸的主要还原产物是 NO_2,稀硝酸的主要还原产物为NO。稀硝酸与活泼金属如铁、镁、锌等反应时,有可能被还原成 N_2O,N_2,甚至 NH_4^+,对同一种金属来说,酸愈稀则被还原的程度愈大。

硝酸盐不稳定,受热易分解放出氧气。

硝酸盐均易溶于水。

NO_3^- 的鉴定:用 NO_3^- 与 Fe^{2+} 在浓硫酸溶液中生成棕色环特征反应。

$$NO_3^- + 3Fe^{2+} + 4H^+ \longrightarrow NO + 3Fe^{3+} + 2H_2O$$

$$Fe^{2+} + NO \longrightarrow \underset{\text{(棕色)}}{[Fe(NO)]^{2+}}$$

NO_2^- 也有同样的反应,且与HAc便能有棕色环现象。

$$NO_2^- + Fe^{2+} + 2HAc \longrightarrow NO + Fe^{3+} + 2Ac^- + H_2O$$

$$Fe^{2+} + NO \longrightarrow \underset{\text{(棕色)}}{[Fe(NO)]^{2+}}$$

可用尿素消除 NO_2^- 的干扰。

亚硝酸不稳定,但亚硝酸盐比较稳定。亚硝酸和亚硝酸盐既有氧化性又有还原性,在酸性溶液中以氧化性为主,常作氧化剂。

$$2MnO_4^- + 5NO_2^- + 6H^+ \longrightarrow 2Mn^{2+} + 5NO_3^- + 3H_2O$$

$$2I^- + 2NO_2^- + 4H^+ \longrightarrow I_2 + 2NO\uparrow + 2H_2O$$

NH_3 能与各种酸反应生成铵盐,铵盐遇强碱又生成 NH_3。铵盐的鉴定方法有两种。一是加碱,生成的气体使红色石蕊试纸变蓝。二是用奈氏试剂(碱性四碘合汞酸钾溶液,即 $K_2[HgI_4]$ 的KOH溶液)与铵盐反应,生成红棕色沉淀。

$$NH_4^+ + 2[HgI_4]^{2-} + 4OH^- \longrightarrow \underset{\text{(红棕色)}}{[O(Hg)_2NH_2]I\downarrow} + 7I^- + 3H_2O$$

2.氧的化合物

氧为ⅥA族元素,原子的价电子构型为 $2s^22p^4$,常见氧化数为-2,H_2O_2 中氧的氧化数为-1,是中间价态,既有氧化性,又有还原性。在酸性介质中 H_2O_2 是强氧化剂,能氧化 S^{2-},I^-,Fe^{2+} 等多种还原剂,只有遇到 $KMnO_4$ 和 KIO_3 等强氧化剂时才显还原性。

$$\underset{\text{(黑色)}}{PbS} + 4H_2O_2 \longrightarrow \underset{\text{(白色)}}{PbSO_4} + 4H_2O$$

$$2I^- + H_2O_2 + 2H^+ \longrightarrow I_2 + 2H_2O$$

$$2MnO_4^- + 5H_2O_2 + 6H^+ \longrightarrow 2Mn^{2+} + 5O_2\uparrow + 8H_2O$$

H_2O_2 不稳定,光照、受热分解加快,微量的 Mn^{2+},Cr^{3+},Fe^{3+},Cu^{2+},MnO_2,I_2 等对

H_2O_2 的分解有催化作用。

在酸性介质中 H_2O_2 与 $K_2Cr_2O_7$ 反应生成过氧化铬 CrO_5。CrO_5 在常温下不稳定，但 CrO_5 易溶于有机溶剂而显深蓝色(见实验 13)，可据此鉴定 H_2O_2。

3.硫的化合物

硫的电负性比氧小，常见氧化数为－2，＋4，＋6。

H_2S 和硫化物都有较强的还原性，H_2S 及可溶性金属硫化物的水溶液在空气中易被氧化而析出硫，使溶液变浑浊。

金属硫化物除碱金属和氨的硫化物易溶外，其余多难溶，且有特征颜色，它们在酸中的溶解情况也不同。如白色的 ZnS 溶于稀盐酸，黄色的 CdS 溶于浓盐酸，黑色的 CuS 和 PbS 溶于硝酸，而 HgS 只溶于王水。

常用两种方法鉴定 S^{2-}。一是 S^{2-} 与稀酸反应生成 H_2S 气体，能使 $Pb(Ac)_2$ 试纸变黑(生成 PbS)。二是 S^{2-} 在碱性条件下能与 $Na_2[Fe(CN)_5NO]$反应生成红紫色配合物。

$$S^{2-} + [Fe(CN)_5NO]^{2-} \longrightarrow [Fe(CN)_5NOS]^{4-}$$

SO_2，H_2SO_3 及其盐 Na_2SO_3 既有氧化性又有还原性，但以还原性为主，且在碱性溶液中更强。能与 MnO_4^-，I_2，IO_3^- 反应显还原性。

$$2MnO_4^- + 5SO_3^{2-} + 6H^+ \longrightarrow 2Mn^{2+} + 5SO_4^{2-} + 3H_2O$$

$$IO_3^- + 3SO_2 + 3H_2O \longrightarrow I^- + 3SO_4^{2-} + 6H^+$$

$$I_2 + SO_3^{2-} + H_2O \longrightarrow 2I^- + SO_4^{2-} + 2H^+$$

二氧化硫或亚硫酸只有在与强还原剂如 H_2S 相遇时才表现出氧化性。

SO_3^{2-} 在饱和 $ZnSO_4$ 溶液中，用氨水调节溶液呈中性或弱碱性，与 $Na_2[Fe(CN)_5NO]$和 $K_4[Fe(CN)_6]$的混合物反应生成红色沉淀(反应不详)，可据此鉴定 SO_3^{2-}。

硫代硫酸钠($Na_2S_2O_3$)是中等强度的还原剂，能还原碘，自身被氧化为 $Na_2S_4O_6$。

$$I_2 + 2Na_2S_2O_3 \longrightarrow 2NaI + Na_2S_4O_6$$

$Na_2S_2O_3$ 与过量的 Ag^+ 反应生成白色 $Ag_2S_2O_3$ 沉淀，$Ag_2S_2O_3$ 水解最后生成黑色 Ag_2S 沉淀，颜色逐渐由白变黄、变棕以至黑色。此反应用来鉴定 $S_2O_3^{2-}$。

$$S_2O_3^{2-} + 2Ag^+ \longrightarrow Ag_2S_2O_3\downarrow$$

$$Ag_2S_2O_3 + H_2O \longrightarrow Ag_2S\downarrow + SO_4^{2-} + 2H^+$$

$K_2S_2O_8$ 是极强的氧化剂，还原产物是 SO_4^{2-}。例如

$$5S_2O_8^{2-} + 2Mn^{2+} + 8H_2O \longrightarrow 2MnO_4^- + 10SO_4^{2-} + 16H^+$$

$$S_2O_8^{2-} + 2I^- \longrightarrow 2SO_4^{2-} + I_2$$

13.3 仪器与试剂及材料

1.仪器

离心机，点滴板，表面皿(2 个)，温度计(0～100 ℃，1 支)，酒精灯，烧杯(500 mL，1 个)，试管(若干支)，离心试管(5 支)。

2.试剂及材料

HNO_3 溶液(2.0 mol/L，浓)，H_2SO_4 溶液(2.0 mol/L，浓)，HCl 溶液(2.0 mol/L，6.0 mol/L，浓)，HAc 溶液(2.0 mol/L)，NaOH 溶液(6.0 mol/L)，$NaNO_2$ 溶液(0.1 mol/L)，KI 溶液(0.1 mol/L)，$FeSO_4$ 溶液(0.1 mol/L)，NH_4Cl 溶液(0.1 mol/L)，KNO_3 溶液

(0.1 mol/L),Na_2SO_3 溶液(0.1 mol/L),$Na_2S_2O_3$ 溶液(0.1 mol/L),$KMnO_4$ 溶液(0.01 mol/L),$MnSO_4$ 溶液(0.01 mol/L),$Pb(Ac)_2$ 溶液(0.1 mol/L),$BaCl_2$ 溶液(0.1 mol/L),$Pb(NO_3)_2$ 溶液(0.1 mol/L),Na_2S 溶液(0.1 mol/L),NaCl 溶液(0.1 mol/L),$ZnSO_4$ 溶液(0.1 mol/L,饱和),$CdSO_4$ 溶液(0.1 mol/L),$CuSO_4$ 溶液(0.1 mol/L),$Hg(NO_3)_2$溶液(0.1 mol/L),$AgNO_3$ 溶液(0.1 mol/L),$K_4[Fe(CN)_6]$溶液(0.1 mol/L),$Na_2[Fe(CN)_5NO]$溶液(1%),碘水(0.01 mol/L),H_2O_2 溶液(3%),奈斯勒试剂,硫黄粉,锌粉,KNO_3(固),$Pb(NO_3)_2$(固),$AgNO_3$(固),$FeSO_4 \cdot 7H_2O$(固),MnO_2(固),$K_2S_2O_8$(固),pH 试纸,红色石蕊试纸,火柴,滤纸条,$Pb(Ac)_2$ 试纸。

13.4 实验内容

1.氮的化合物

(1)硝酸和硝酸盐(在通风橱内进行)

①硝酸与非金属的反应。取两支干燥试管,各加黄豆大小的硫黄粉,分别加入浓硝酸和 2.0 mol/L HNO_3 溶液各 10 滴,稍加热 1~2 min。静置冷却,取上清液,检验溶液中是否都有 SO_4^{2-}。

②硝酸与金属的反应。取两支干燥试管,各加绿豆大小的锌粉,分别慢慢滴入 5 滴浓硝酸和 1 mL 2.0 mol/L HNO_3 溶液,静置,取上清液,检验溶液中是否都有 NH_4^+。

③硝酸盐的热稳定性。在三支干燥试管中,分别加入少量固体 KNO_3,$Pb(NO_3)_2$ 和 $AgNO_3$,加热,观察颜色,并检验生成的气体中是否都有 O_2。

(2)亚硝酸和亚硝酸盐

①亚硝酸和亚硝酸盐的氧化性(在通风橱内进行)。取 10 滴 0.1 mol/L $NaNO_2$ 溶液,加入 10 滴 0.1 mol/L KI 溶液,观察现象。再逐滴加入 2.0 mol/L H_2SO_4 溶液酸化(亚硝酸盐在酸性溶液中可视为 HNO_2 溶液),观察现象。

用 0.1 mol/L $FeSO_4$ 溶液代替 0.1 mol/L KI 溶液重复上述实验,观察现象。

②亚硝酸和亚硝酸盐的还原性。取 10 滴 0.1 mol/L $NaNO_2$ 溶液,然后加入 5 滴 0.01 mol/L $KMnO_4$ 溶液,观察紫色是否褪去。再逐滴加入 2.0 mol/L H_2SO_4 溶液酸化,观察现象。

(3)NH_4^+,NO_3^- 和 NO_2^- 的鉴定

①NH_4^+ 的鉴定。方法一(气室法):在一表面皿中心贴附一条湿润的红色石蕊试纸或 pH 试纸,在另一表面皿中加几滴 0.1 mol/L NH_4Cl 溶液和 2 滴 6.0 mol/L NaOH 溶液,混匀后,立即将贴有试纸的表面皿盖在盛有试剂的表面皿上,形成一个气室。将此气室放在水浴上微热或用手温热,观察试纸颜色的变化。

方法二(奈氏法):在点滴板孔穴中滴加 1 滴铵盐溶液,再加 1 滴奈斯勒试剂,观察颜色的变化。

②NO_3^- 的鉴定。在试管中加入几粒 $FeSO_4 \cdot 7H_2O$ 晶体和 10 滴 0.1 mol/L KNO_3 溶液,振荡溶解后斜持试管,沿管壁慢慢滴加 10 滴浓硫酸溶液。浓硫酸溶液因密度大而流入试管底部,形成两层(切勿摇动试管),这时两层液体界面处有棕色环生成,此现象证明有 NO_3^- 存在。

③NO_2^- 的鉴定。取 10 滴 0.1 mol/L $NaNO_2$ 溶液,加几滴 2.0 mol/L HAc 溶液,再

加入 1～2 小粒 $FeSO_4 \cdot 7H_2O$ 晶体，如有棕色环出现证明有 NO_2^- 存在。

2.氧的重要化合物——H_2O_2

(1)H_2O_2 的弱酸性和不稳定性

取 1 mL 3% H_2O_2 溶液，测其 pH，然后加入少量 MnO_2，迅速将火柴余烬伸入试管口，检验生成的气体。

(2)H_2O_2 的氧化性和还原性

①H_2O_2 的氧化性。取 5 滴 0.1 mol/L $Pb(NO_3)_2$ 溶液和 5 滴 0.1 mol/L Na_2S 溶液混合，观察现象。逐滴加入 3% H_2O_2 溶液直至变为白色。

设计 KI 在酸性溶液中被 H_2O_2 氧化的实验，并验证生成的氧化产物。

②H_2O_2 的还原性。取 2 滴 0.01 mol/L $KMnO_4$ 溶液，加几滴 2.0 mol/L H_2SO_4 溶液酸化，逐滴加入 3% H_2O_2 溶液，观察溶液颜色的变化。

设计 MnO_2 在酸性溶液中与过量的 H_2O_2 反应的实验，观察反应现象，指出反应过程中 MnO_2 的变化和作用。

(3)H_2O_2 的鉴定。参见实验 13，自行设计 H_2O_2 的鉴定实验。

3.硫的化合物

(1)金属硫化物

①金属硫化物的生成和溶解性。在 5 支离心试管中分别加入 5 滴 0.1 mol/L NaCl，$ZnSO_4$，$CdSO_4$，$CuSO_4$ 和 $Hg(NO_3)_2$ 溶液，再各加入 5 滴 0.1 mol/L Na_2S 溶液，观察现象。将有沉淀的试管离心沉降，吸去上清液，向沉淀中各加 5 滴 2.0 mol/L HCl 溶液，振荡观察。如沉淀不溶解，离心沉降，吸去上清液，向沉淀中各加 5 滴 6.0 mol/L HCl 溶液，振荡观察。如沉淀不溶解，离心沉降，吸去上清液，并用少量蒸馏水洗涤沉淀 2 次，各加 5 滴浓 HNO_3 溶液，振荡观察。在仍有沉淀的溶液中，加 15 滴浓 HCl 溶液(形成王水)，振荡观察。

②S^{2-} 的还原性。取 5 滴 0.1 mol/L Na_2S 溶液和 5 滴 0.1 mol/L Na_2SO_3 溶液，再逐滴加入 2.0 mol/L H_2SO_4 溶液酸化，观察现象。

(2)SO_3^{2-} 与 $S_2O_3^{2-}$ 的还原性

设计用碘水验证 SO_3^{2-} 与 $S_2O_3^{2-}$ 的还原性实验。

(3)$S_2O_8^{2-}$ 的氧化性

取 5 滴 0.1 mol/L KI 溶液，加几滴 2.0 mol/L H_2SO_4 溶液酸化，再加少量固体 $K_2S_2O_8$，振荡，观察现象。

取 1 mL 2.0 mol/L H_2SO_4 溶液和 2 mL 水，加 5 滴 0.01 mol/L $MnSO_4$ 溶液，摇匀后分成两份。在其中一支试管中滴 1 滴 0.1 mol/L $AgNO_3$ 溶液。然后在两支试管中各加少量 $K_2S_2O_8$ 固体，同时放入水浴中微热(温度不超过 40 ℃)，观察两支试管中溶液颜色的变化。

(4)S^{2-}，SO_3^{2-} 与 $S_2O_3^{2-}$ 的鉴定

①S^{2-} 的鉴定。方法一：在试管中加 5 滴 0.1 mol/L Na_2S 溶液和 5 滴 2.0 mol/L HCl 溶液，将湿润的 $Pb(Ac)_2$ 试纸[在一滤纸条上滴一滴 0.1 mol/L $Pb(Ac)_2$ 溶液]盖在试管口，将试管微热，试纸变黑，证明有 S^{2-} 存在。

方法二：在点滴板上滴 1 滴 0.1 mol/L Na_2S 溶液和 1 滴 1% $Na_2[Fe(CN)_5NO]$溶

液,显红紫色,表明有 S^{2-} 存在(此反应现象需在碱性溶液中才能出现,如被测溶液是 H_2S,应先加碱液)。

②SO_3^{2-} 的鉴定。方法一:取 5 滴 0.1 mol/L Na_2SO_3 溶液和数滴 2.0 mol/L HCl 溶液,加 5 滴 0.1 mol/L $BaCl_2$ 溶液,观察。然后逐滴加入 3% H_2O_2 溶液,生成白色沉淀,表明有 SO_3^{2-} 存在。

方法二:在点滴板上滴加 2 滴饱和 $ZnSO_4$ 溶液、1 滴新制的 0.1 mol/L $K_4[Fe(CN)_6]$ 溶液、1 滴新配的 1% $Na_2[Fe(CN)_5NO]$溶液,再加入 1 滴 0.1 mol/L Na_2SO_3 溶液,搅匀,有红色沉淀生成,表明有 SO_3^{2-} 存在。

③$S_2O_3^{2-}$ 的鉴定。取 5 滴 0.1 mol/L $AgNO_3$ 溶液,加入 2 滴 0.1 mol/L $Na_2S_2O_3$ 溶液(不能过量),放置后观察沉淀颜色的变化,若为白色→黄色→棕色→黑色,则表明有 $S_2O_3^{2-}$ 存在。

13.5 问题与讨论

1.硝酸与金属和非金属反应的还原产物与哪些因素有关?

2.怎样验证亚硝酸及亚硝酸盐的氧化性和还原性?

3.亚硝酸盐的热分解产物有何特性?

4.怎样验证 H_2O_2 的氧化性和还原性? 介质酸碱性对其有何影响?

5.金属硫化物根据其在水中和酸中溶解性的不同可分为几类? 举例说明。

6.H_2S,Na_2S 和 Na_2SO_3 溶液长期放置会有什么变化?

7.写好自行设计的实验步骤,分析应出现的现象。

8.如何鉴定 NH_4^+,NO_3^-,NO_2^-,S^{2-},SO_3^{2-},$S_2O_3^{2-}$ 及 H_2O_2?

9.分析每一步实验,指出应出现的现象,写出化学反应方程式。

10.用简单方法鉴别下列两组固体物质。

(1)Na_2S,Na_2SO_3,$Na_2S_2O_3$,Na_2SO_4

(2)$NaNO_2$,$NaNO_3$,$Na_2S_2O_3$,$Na_2S_2O_8$

实验 14 过渡元素(铜、银、锌)

14.1 实验目的

1.了解铜、银、锌的氢氧化物、硫化物、配合物的生成及性质;

2.了解铜、银有关化合物的氧化还原性。

14.2 实验原理

1.铜、银、锌的氢氧化物的生成及性质

将碱加入 Cu^{2+},Ag^+,Zn^{2+} 的盐溶液中,可得到相应的氢氧化物,其颜色和稳定性各有不同。

$Cu(OH)_2$ 为浅蓝色沉淀,具有两性,以碱性为主,能溶于强酸、强碱溶液中;热稳定性较差,受热即脱水生成 CuO。

$Zn(OH)_2$ 为白色沉淀，不溶于水。是两性氢氧化物，在溶液中有两种解离方式。

$$\underset{\text{碱式解离}}{Zn^{2+} + 2OH^- \rightleftharpoons} Zn(OH)_2 \underset{\text{酸式解离}}{\rightleftharpoons 2H^+ + ZnO_2^{2-}}$$

在酸性溶液中，平衡向左移动，酸度足够大得到 Zn^{2+} 盐；在碱性溶液中，平衡向右移动，碱度足够大得到锌酸盐。

AgOH 为白色沉淀，很不稳定，在常温下就会分解成棕黑色的 Ag_2O。

2.铜、银、锌的配合物的生成及性质

Cu^{2+} 和 Zn^{2+} 的 NH_3 配合物$[Cu(NH_3)_4]^{2+}$和$[Zn(NH_3)_4]^{2+}$对酸不稳定。

$$[Cu(NH_3)_4]^{2+} + 4H^+ \longrightarrow Cu^{2+} + 4NH_4^+$$

$$[Zn(NH_3)_4]^{2+} + 4H^+ \longrightarrow Zn^{2+} + 4NH_4^+$$

Ag^+ 与 Cl^- 作用生成的白色沉淀 AgCl 能溶于过量的氨水而生成$[Ag(NH_3)_2]^+$。

3.铜、银化合物的氧化还原性

Cu^{2+} 具有较弱的氧化性，可与较强的还原剂 I^- 发生氧化还原反应，生成 Cu_2I_2。

$$2Cu^{2+} + 4I^- \longrightarrow Cu_2I_2 + I_2$$

Ag^+ 具有一定的氧化能力，在碱性条件下遇到含有醛基的有机物如甲醛、葡萄糖等，能被还原成 Ag 而产生银镜，因此又称为银镜反应。银镜反应常用来检验醛基（—CHO）的存在。例如

$$2[Ag(NH_3)_2]^+ + HCHO + 2OH^- \xrightarrow{\triangle} HCOONH_4 + \underset{\text{银镜}}{2Ag\downarrow} + H_2O + 3NH_3$$

14.3　仪器与试剂

1.仪器

试管（若干支），酒精灯（1 个），烧杯（250 mL，1 个），三脚架（1 个），石棉网（1 个）。

2.试剂

$CuSO_4$ 溶液（0.1 mol/L），NaOH 溶液（2 mol/L，6 mol/L），H_2SO_4 溶液（2 mol/L），$ZnSO_4$ 溶液（0.1 mol/L），HCl 溶液（2 mol/L），$AgNO_3$ 溶液（0.1 mol/L），NH_3 溶液（2 mol/L，6 mol/L），NaCl 溶液（0.1 mol/L），KI 溶液（0.1 mol/L），HCHO 溶液（2%），淀粉溶液。

14.4　实验内容

1.铜、银、锌的氢氧化物的生成及性质

(1)取 3 支试管，均加入 1 mL 0.1 mol/L $CuSO_4$ 溶液，并滴加 2 mol/L NaOH 溶液，观察 $Cu(OH)_2$ 沉淀的颜色。然后，进行下列实验：

①向第 1 支试管中滴加 2 mol/L H_2SO_4 溶液，观察现象。写出化学反应方程式。

②向第 2 支试管中加入过量的 6 mol/L NaOH 溶液，振荡，观察现象。解释原因，并写出化学反应方程式。

③将第 3 支试管加热，观察现象。写出化学反应方程式。

(2)取 2 支试管，均加入 1 mL 0.1 mol/L $ZnSO_4$ 溶液，并滴加 2 mol/L NaOH 溶液（注意别过量），观察 $Zn(OH)_2$ 沉淀的颜色。然后，进行下列实验：

①向第 1 支试管中滴加 2 mol/L HCl 溶液，观察现象。写出化学反应方程式。

②向第 2 支试管中加入过量的 2 mol/L NaOH 溶液，振荡，观察现象。解释原因，并

写出化学反应方程式。

(3)向两支试管中各加入 5 滴 0.1 mol/L $AgNO_3$ 溶液,然后逐滴加入新配制的 2 mol/L NaOH 溶液,观察产物的状态和颜色。写出化学反应方程式。

2.铜、银、锌的配合物的生成及性质

(1)取 1 mL 0.1 mol/L $CuSO_4$ 溶液,加入 6 mol/L NH_3 溶液至溶液变成深蓝色,再多加数滴。写出化学反应方程式。往溶液中滴加 2 mol/L HCl 溶液,观察现象。写出化学反应方程式。

(2)向试管中加入 0.1 mol/L $ZnSO_4$ 溶液,并滴加 2 mol/L NH_3 溶液,观察沉淀生成。继续滴加 NH_3 溶液至沉淀溶解。写出化学反应方程式。往溶液中滴加 2 mol/L HCl 溶液,观察现象。写出化学反应方程式。

(3)向试管中加入 5 滴 0.1 mol/L $AgNO_3$ 溶液,再滴加 5 滴 0.1 mol/L NaCl 溶液,观察沉淀的生成。然后在沉淀上滴加 6 mol/L NH_3 溶液至沉淀溶解。写出化学反应方程式。

3.铜、银化合物的氧化还原性

(1)向离心试管中加入 5 滴 0.1 mol/L $CuSO_4$ 溶液和 1 mL 0.1 mol/L KI 溶液,观察沉淀的生成和颜色。离心分离,在上清液中滴加 1 滴淀粉溶液,检查是否有 I_2 存在。写出离子反应方程式。

(2)取 1 支洁净的试管,加入 1 mL 0.1 mol/L $AgNO_3$ 溶液,滴加 6 mol/L NH_3 溶液至沉淀生成又刚好消失,再多加 2 滴。然后,加入 2 滴 2%甲醛(HCHO)溶液,将试管置于 77～87 ℃的水浴中加热数分钟,观察银镜的产生。

14.5 问题与讨论

1.查一查 Cu^{2+},Ag^{+},Zn^{2+} 氢氧化物的颜色和稳定性有何不同?

2.查一查 $Cu(OH)_2$ 和 $Zn(OH)_2$ 的两性有何不同?

3.比较 Cu^{2+},Ag^{+},Zn^{2+} 与 NH_3 溶液反应的产物有何异同?

4.根据相关电对的电极电势说明 Cu^{2+} 与 I^{-} 为什么能发生氧化还原反应?

5.什么是银镜反应?有何应用?

实验 15 过渡元素(铬、锰、铁)

15.1 实验目的

1.了解铬、锰、铁重要价态化合物的生成和性质,能完成铬、锰、铁重要价态化合物之间的转化;

2. 掌握铬、锰、铁化合物的氧化还原性及介质酸碱性对它们的氧化还原性的影响,会利用其氧化还原性进行 Cr^{3+},CrO_4^{2-},Mn^{2+},Fe^{2+},Fe^{3+} 几种离子的鉴定;

3.熟练离心机的使用及沉淀的洗涤等操作。

15.2 实验原理

1.铬

铬为Ⅵ B族元素,原子的价电子构型为 $3d^54s^1$,常见氧化数为+3 和+6。

$Cr(OH)_3$ 是两性氢氧化物。Cr(Ⅲ)盐以铬盐和亚铬酸盐两种形式存在,介质酸碱性不同,存在形式不同。Cr(Ⅲ)盐具有还原性,且在碱性介质中的 CrO_2^- 比在酸性介质中的 Cr^{3+} 具有更强的还原性,能被 H_2O_2,Cl_2,Br_2,NaClO 氧化为 CrO_4^{2-}。例如

$$2CrO_2^- + 3H_2O_2 + 2OH^- \longrightarrow 2CrO_4^{2-} + 4H_2O$$

Cr(Ⅵ)盐水溶液中,存在着 CrO_4^{2-} 与 $Cr_2O_7^{2-}$ 之间的平衡,当加入酸、碱或 Ag^+,Ba^{2+} 及 Pb^{2+} 时,平衡都会发生移动。

Cr(Ⅵ)盐在酸性溶液中是强氧化剂,能氧化 Fe^{2+},H_2S,HI,H_2SO_3,$NaNO_2$,乙醇和浓 HCl,本身被还原为 Cr^{3+}。例如

$$Cr_2O_7^{2-} + 3SO_3^{2-} + 8H^+ \longrightarrow 2Cr^{3+} + 3SO_4^{2-} + 4H_2O$$

$$Cr_2O_7^{2-} + 3CH_3CH_2OH + 8H^+ \longrightarrow 2Cr^{3+} + 3CH_3CHO + 7H_2O$$

CrO_4^{2-} 与 $Cr_2O_7^{2-}$ 的鉴定是利用在酸性介质中,$Cr_2O_7^{2-}$ 与 H_2O_2 作用生成过氧化铬 CrO_5。CrO_5 在常温下不稳定,易分解成 Cr^{3+} 并放出 O_2,但 CrO_5 易溶于有机溶剂而显深蓝色。

$$Cr_2O_7^{2-} + 4H_2O_2 + 2H^+ \longrightarrow 2CrO_5 + 5H_2O$$

Cr^{3+} 的鉴定是利用它在碱性介质中的较强还原性,即先被氧化为 CrO_4^{2-},然后再用鉴定 CrO_4^{2-} 的方法鉴定 Cr^{3+} 的存在。

2.锰

锰为Ⅶ B族元素,锰原子的价电子构型为 $3d^54s^2$,常见氧化数为+2,+4,+7。

锰(Ⅱ)盐与强碱或氨水作用,可得白色的 $Mn(OH)_2$ 沉淀。它呈碱性,不稳定,在空气中易被氧化成棕色的 MnO_2。

Mn^{2+} 在酸性溶液中很稳定,只有遇强氧化剂如 $K_2S_2O_8$,$NaBiO_3$,PbO_2 等才能被氧化为紫红色的 MnO_4^-。常利用 $NaBiO_3$ 鉴定 Mn^{2+} 的存在。还原剂如 Cl^-,Br^-,I^- 对 Mn^{2+} 的鉴定有干扰,故反应需在硝酸或硫酸溶液中进行。

MnO_2 在酸性介质中是强氧化剂,与浓盐酸共热生成氯气,还能氧化 SO_3^{2-},H_2O_2 和 Fe^{2+}。

$KMnO_4$ 无论在酸性、中性或碱性介质中,都有很强的氧化性。但条件不同还原产物不同。例如

$$2MnO_4^- + 5SO_3^{2-} + 6H^+ \longrightarrow 2Mn^{2+} + 5SO_4^{2-} + 3H_2O$$

$$2MnO_4^- + 3SO_3^{2-} + H_2O \longrightarrow 2MnO_2\downarrow + 3SO_4^{2-} + 2OH^-$$

$$2MnO_4^- + SO_3^{2-} + 2OH^- \longrightarrow 2MnO_4^{2-} + SO_4^{2-} + H_2O$$

3.铁

铁为Ⅷ 族元素,铁原子的价电子构型为 $3d^64s^2$,常见氧化数为+2 和+3。

铁(Ⅱ)盐具有还原性,易被氧化为 Fe(Ⅲ)盐,在碱性介质中还原性更强,$Fe(OH)_2$ 在空气中易被氧化成 $Fe(OH)_3$,颜色由白变绿再变棕色。

Fe(Ⅲ)盐在酸性溶液中属于中强氧化剂,能氧化 H_2S,KI,$SnCl_2$,还原产物是 Fe^{2+}。

由于 $Fe(OH)_3$ 的碱性比 $Fe(OH)_2$ 更弱,所以 Fe^{3+} 较 Fe^{2+} 更易水解。由于水解,

Fe^{3+}溶液常呈黄色或棕色。加热或稀释促进水解，会有 $Fe(OH)_3$ 析出而使溶液变浑浊。新沉淀出的 $Fe(OH)_3$ 具有微弱的酸性，能溶于浓、热的强碱溶液中。

铁的阳离子能形成许多配合物，并具有特征颜色，如藤氏蓝色的 $Fe_3[Fe(CN)_6]_2$、普鲁氏蓝色的 $Fe_4[Fe(CN)_6]_3$、血红色的$[Fe(SCN)_n]^{3-n}$ ($n=1\sim6$)，常用于鉴定 Fe^{3+} 与 Fe^{2+}的存在。

$$3Fe^{2+} + 2[Fe(CN)_6]^{3-} \longrightarrow Fe_3[Fe(CN)_6]_2 \downarrow$$
$$4Fe^{3+} + 3[Fe(CN)_6]^{4-} \longrightarrow Fe_4[Fe(CN)_6]_3 \downarrow$$

15.3 仪器与试剂及材料

1.仪器

离心机，酒精灯，试管，离心试管，长滴管。

2.试剂及材料

HCl 溶液(2.0 mol/L)，H_2SO_4 溶液(2.0 mol/L)，HNO_3 溶液(6.0 mol/L)，NaOH 溶液(2.0 mol/L, 6.0 mol/L)，$CrCl_3$ 溶液(0.1 mol/L)，K_2CrO_4 溶液(0.1 mol/L)，$K_2Cr_2O_7$ 溶液(0.1 mol/L)，$AgNO_3$ 溶液(0.1 mol/L)，$MnSO_4$ 溶液(0.1 mol/L)，$KMnO_4$ 溶液(0.01 mol/L)，Na_2SO_3 溶液(2.0 mol/L)，$FeCl_3$ 溶液(0.1 mol/L)，KI 溶液(0.1 mol/L)，NH_4SCN 溶液(0.1 mol/L)，$K_4[Fe(CN)_6]$溶液(0.1 mol/L)，$K_3[Fe(CN)_6]$溶液(0.1 mol/L)，NaF 溶液(饱和)，H_2O_2 溶液(3%)，乙醚，乙醇(1∶1)，淀粉溶液(饱和)，蒸馏水，铁屑，$NaBiO_3$(CP，固)，$FeSO_4 \cdot 7H_2O$(晶体)，$FeCl_3 \cdot 6H_2O$(晶体)，MnO_2(固)，pH 试纸。

15.4 实验内容

1.铬

(1)Cr (Ⅲ)盐

①Cr(Ⅲ)盐的水解性及 $Cr(OH)_3$ 的两性。取 0.1 mol/L $CrCl_3$ 溶液 5 滴，测出其 pH，然后逐滴加入 2.0 mol/L 的 NaOH 溶液，观察现象并用实验证明 $Cr(OH)_3$ 具有两性。

②Cr^{3+}的还原性及 Cr^{3+}的鉴定。取 0.1 mol/L $CrCl_3$ 溶液 5 滴，滴加 2.0 mol/L 的 NaOH 溶液至沉淀析出又溶解，然后逐滴加入 3% H_2O_2 溶液 7～8 滴，振荡，加热 2 min，观察溶液颜色的变化。冷却后加入 10 滴乙醚，滴加 6.0 mol/L HNO_3 溶液酸化，振荡，如无现象，再加 3% H_2O_2 溶液 3～5 滴，观察现象。

(2)Cr (Ⅵ)盐

①CrO_4^{2-} 与 $Cr_2O_7^{2-}$ 的转化。取 0.1 mol/L K_2CrO_4 溶液 5 滴，用 2.0 mol/L H_2SO_4 溶液酸化，溶液颜色有何变化？再加入过量的 2.0 mol/L 的 NaOH 溶液，溶液颜色又会有何变化？

②Cr (Ⅵ)盐的溶解性。各取 0.1 mol/L K_2CrO_4 和 $K_2Cr_2O_7$ 溶液 5 滴，分别逐滴加入 0.1 mol/L 的 $AgNO_3$ 溶液，观察现象。再加入 6.0 mol/L HNO_3 溶液，沉淀是否溶解？

③Cr^{6+}的氧化性。取 0.1 mol/L 的 $K_2Cr_2O_7$ 溶液 5 滴，加入 2.0 mol/L 的 H_2SO_4 溶液 2 滴，再加入 9～10 滴 1∶1 的乙醇溶液，观察溶液颜色的变化。

④比较 CrO_4^{2-} 与 $Cr_2O_7^{2-}$ 的氧化性。利用本实验现有试剂，自行设计实验。

⑤$Cr_2O_7^{2-}$ 的鉴定。自行设计 $Cr_2O_7^{2-}$ 的鉴定实验。

2.锰

(1)Mn（Ⅱ）盐

①$Mn(OH)_2$ 的生成和性质。往 3 支试管中都加入 0.1 mol/L $MnSO_4$ 溶液和 2.0 mol/L NaOH 溶液各 5 滴，振荡，观察现象。1 支试管放置一段时间后观察颜色变化，另两支试管分别加入 2.0 mol/L 的 NaOH 溶液和 2.0 mol/L HCl 溶液，观察现象。

②Mn^{2+} 的还原性和 Mn^{2+} 的鉴定。取 0.1 mol/L 的 $MnSO_4$ 溶液 5 滴，逐滴加入 0.01 mol/L $KMnO_4$ 溶液至沉淀不再生成，观察沉淀颜色。

取 0.1 mol/L 的 $MnSO_4$ 溶液 3 滴和 10 滴 6.0 mol/L HNO_3 溶液，加少量固体 $NaBiO_3$，振荡试管，观察现象。

(2)Mn^{7+} 的氧化性

向 3 支试管中都加入 0.01 mol/L $KMnO_4$ 溶液 5 滴，分别加入 2.0 mol/L H_2SO_4 溶液、蒸馏水、6.0 mol/L NaOH 溶液各 5 滴，再各逐滴加入 2.0 mol/L Na_2SO_3 溶液，观察三支试管中有何现象。

(3)MnO_2 的氧化性

利用本实验现有试剂，自行设计实验，验证 MnO_2 的氧化性。

3.铁

(1)Fe（Ⅱ）盐

①$Fe(OH)_2$ 的生成和稳定性。取 A，B 两支试管，A 试管中加入 2 mL 蒸馏水和 2 滴 2.0 mol/L H_2SO_4 溶液，煮沸以除去溶解的氧，冷却后加入少许固体 $FeSO_4 \cdot 7H_2O$ 使之溶解。在 B 试管中加入 1 mL 2.0 mol/L NaOH 溶液，煮沸除氧，冷却后用一长滴管吸取 NaOH 溶液，迅速将滴管插入 A 试管溶液底部，放出 NaOH 溶液，观察现象。然后振荡试管并放置一段时间后，观察沉淀颜色的变化。

②Fe(Ⅱ)盐的水解性。取少量 $FeSO_4 \cdot 7H_2O$ 晶体，加水溶解，用 pH 试纸检验其酸碱性。然后加热，观察现象。

③Fe^{2+} 的还原性。在 $FeSO_4$ 溶液中滴加 0.1 mol/L $K_2Cr_2O_7$ 溶液，观察现象。

利用本实验现有试剂，自行设计其他实验，进一步验证 Fe^{2+} 的还原性。

(2)Fe(Ⅲ)盐

①$Fe(OH)_3$ 的生成和性质。在两支试管中各加入 0.1 mol/L $FeCl_3$ 溶液 10 滴，逐滴加入 6.0 mol/L NaOH 溶液至有沉淀生成。离心分离，洗涤沉淀，分别逐滴加入 6.0 mol/L NaOH 溶液和 2.0 mol/L HCl 溶液，观察现象。

②Fe(Ⅲ)盐的水解性。取少许 $FeCl_3 \cdot 6H_2O$ 晶体，加水溶解，用 pH 试纸检验其酸碱性。然后加热，有何现象？

③Fe^{3+} 的氧化性。取 0.1 mol/L $FeCl_3$ 溶液 5 滴，加 0.1 mol/L KI 溶液 5 滴，振荡，观察现象。加入少量淀粉溶液，振荡，观察现象。

若在 $FeCl_3$ 溶液中先加饱和 NaF 溶液 5 滴，再加 0.1 mol/L KI 溶液，有何现象？

(3)Fe^{3+} 与 Fe^{2+} 的转化

取 0.1 mol/L $FeCl_3$ 溶液 10 滴，加 10 滴 2.0 mol/L H_2SO_4 溶液及少许铁屑，加热近沸腾。冷却静置，铁屑沉底，取上清液分装于两支试管中。在一支试管中逐滴加入 0.1 mol/L NH_4SCN 溶液，观察有无变化；在另一支试管中加入 10 滴 6.0 mol/L HNO_3 溶液，观察有无变化，加入 0.1 mol/L NH_4SCN 溶液 2 滴，有何现象发生？

(4)铁的配合物及 Fe^{3+} 与 Fe^{2+} 的鉴定

①Fe^{3+} 的鉴定。取 0.1 mol/L $FeCl_3$ 溶液 5 滴，加 0.1 mol/L $K_4[Fe(CN)_6]$溶液 1～2 滴，观察现象。

Fe^{3+} 还可用 NH_4SCN 鉴定。

②Fe^{2+} 的鉴定。在少量 $FeSO_4$ 溶液中加入 0.1 mol/L $K_3[Fe(CN)_6]$ 溶液 1～2 滴，观察现象。

15.5 问题与讨论

1.$Cr(OH)_3$ 和 $Fe(OH)_3$ 的颜色和两性，$Mn(OH)_2$ 和 $Fe(OH)_2$ 的颜色、酸碱性、还原性及稳定性怎样？

2.Cr（Ⅵ）盐在水溶液中存在着 CrO_4^{2-} 与 $Cr_2O_7^{2-}$ 之间的平衡关系，CrO_4^{2-} 和 $Cr_2O_7^{2-}$ 的颜色与氧化性有何不同？其盐的溶解性有何不同？

3.$KMnO_4$ 的氧化性如何受介质酸碱性的影响？

4.试述实现以下转化的方法：

(1)$Cr^{3+} \xrightarrow{①} CrO_2^-$，$CrO_2^- \xrightarrow{②} CrO_4^{2-}$，$CrO_4^{2-} \xrightarrow{③} Cr_2O_7^{2-}$，$Cr_2O_7^{2-} \xrightarrow{④} Cr^{3+}$

(2)$MnO_4^- \underset{②}{\overset{①}{\rightleftharpoons}} Mn^{2+} \underset{④}{\overset{③}{\rightleftharpoons}} MnO_2$

(3)$Fe^{2+} \xrightarrow{①} Fe(OH)_2$，$Fe(OH)_2 \xrightarrow{②} Fe(OH)_3$，$Fe(OH)_3 \xrightarrow{③} Fe^{3+}$，$Fe^{3+} \xrightarrow{④} Fe^{2+}$

5.如何配制和保存 $FeSO_4$ 溶液？

6.如何鉴定 Cr^{3+}，CrO_4^{2-}，Mn^{2+}，Fe^{2+}，Fe^{3+} 几种离子？

二、综合性实验

实验 16　粗食盐的提纯

16.1 实验目的

1.掌握通过控制沉淀反应的条件提纯氯化钠的方法；

2.熟练托盘天平的使用以及溶解、加热、过滤（常压过滤和减压过滤）、蒸发、结晶、干燥等基本操作；

3.了解中间控制检验和氯化钠纯度检验的方法，能进行 Ca^{2+}，Mg^{2+}，SO_4^{2-} 等离子的鉴定和分离。

16.2 实验原理

氯化钠俗称食盐，易溶于水。它是一种无色立方晶体，是人体必需的成分。粗食盐中含有泥沙等不溶性杂质和 K^+，Ca^{2+}，Mg^{2+}，SO_4^{2-} 的盐等可溶性杂质。化学试剂、医药用的 NaCl 都是以粗食盐为原料提纯的。

不溶性杂质可用溶解、过滤的方法除去。

可溶性杂质可通过适当的试剂，控制适当的化学反应条件，生成难溶性化合物过滤除去。具体可用下述方法：在粗食盐溶液中加入稍微过量的 $BaCl_2$ 溶液，使溶液中的 SO_4^{2-} 转化为难溶的 $BaSO_4$ 沉淀，过滤除去。

$$Ba^{2+} + SO_4^{2-} \longrightarrow BaSO_4 \downarrow$$

在滤液中加入稍微过量的 NaOH 和 Na_2CO_3 溶液，使溶液中的 Ca^{2+}，Mg^{2+} 及过量的 Ba^{2+} 转化为难溶的沉淀，过滤除去。

$$Mg^{2+} + 2OH^- \longrightarrow Mg(OH)_2 \downarrow$$

$$Ca^{2+} + CO_3^{2-} \longrightarrow CaCO_3 \downarrow$$

$$Ba^{2+} + CO_3^{2-} \longrightarrow BaCO_3 \downarrow$$

过量的 NaOH 和 Na_2CO_3 用 HCl 中和除去。

$$NaOH + HCl \longrightarrow NaCl + H_2O$$

$$Na_2CO_3 + 2HCl \longrightarrow 2NaCl + CO_2 \uparrow + H_2O$$

食盐中的 K^+ 仍留在滤液中。由于 KCl 溶解度比 NaCl 大，而且含量少，所以在蒸发和浓缩食盐溶液时，NaCl 先结晶出来，而 KCl 仍留在溶液中。

生产上，在物质提纯过程中为了检验某种杂质是否除尽，常常取少量溶液（称为取样），然后加入适当的试剂，通过反应现象判断某种杂质存在情况，此过程称为“中间控制检验”，而对产品纯度和含量的测定，则称为“成品检验”。

16.3 仪器与试剂及材料

1.仪器

离心机，磁力加热搅拌器，托盘天平，漏斗架，普通漏斗，布氏漏斗，吸滤瓶，蒸发皿，酒精灯，烧杯（100 mL），离心试管，真空泵。

2.试剂及材料

HCl 溶液（2.0 mol/L），H_2SO_4 溶液（3.0 mol/L），NaOH 溶液（2.0 mol/L），$BaCl_2$ 溶液（1.0 mol/L），Na_2CO_3 溶液（1.0 mol/L），Na_2SO_4 溶液（2.0 mol/L），$(NH_4)_2C_2O_4$ 溶液（0.5 mol/L），镁试剂，粗食盐，pH 试纸，滤纸。

16.4 实验内容

1. 粗食盐的提纯

（1）粗食盐的称量和溶解

用托盘天平称取 10 g 粗食盐，放入 100 mL 小烧杯中，加入 30 mL 蒸馏水，用磁力加热搅拌器(或玻璃棒、酒精灯)加热搅拌,使其溶解。

(2)除去不溶性杂质和 SO_4^{2-}

加热溶液至沸腾时,在搅拌加热下逐滴加入 1.0 mol/L $BaCl_2$ 溶液(约3 mL)至沉淀完全,继续加热 5 min,使 $BaSO_4$ 晶粒长大,便于沉淀和过滤。

停止搅拌和加热,静置,待沉淀沉降后,取上清液 1～2 mL 于离心试管中离心分离,在离心试管上清液中滴加 2～3 滴 1.0 mol/L $BaCl_2$ 溶液,观察溶液是否有浑浊现象。如无浑浊现象,说明 SO_4^{2-} 已沉淀完全,如有浑浊现象,表明 SO_4^{2-} 未沉淀完全。检验后均将离心上清液倒回烧杯中。

如 SO_4^{2-} 未沉淀完全,则向烧杯中继续滴加 5～8 滴 1.0 mol/L $BaCl_2$ 溶液,再检验,直至离心上清液在加入 2 滴 $BaCl_2$ 溶液后,不再有浑浊现象为止。

继续加热 5 min,使沉淀颗粒长大。静置,用普通漏斗过滤,除去不溶性杂质和 $BaSO_4$ 沉淀,留取滤液。

(3)除去 Ca^{2+},Mg^{2+} 及过量的 Ba^{2+}

将滤液加热至沸腾时,边搅拌边加入 1 mL 2.0 mol/L NaOH 溶液和 1.0 mol/L Na_2CO_3 溶液,直至滴入 Na_2CO_3 溶液(约 4 mL)不生成沉淀为止,再多加 0.5 mL Na_2CO_3 溶液,静置。

吸取上清液约 1 mL 于离心试管中离心分离,在离心上清液中加入 2～3 滴 3.0 mol/L H_2SO_4 溶液(或 2.0 mol/L Na_2SO_4 溶液)振荡试管,观察溶液是否浑浊。如无浑浊现象,说明所加过量的 Ba^{2+} 已沉淀完全,如有浑浊现象,说明所加过量的 Ba^{2+} 未沉淀完全。检验后弃去这部分试液(不能倒回烧杯中,为什么?)。

如 Ba^{2+} 未沉淀完全,向烧杯中继续滴加 1.0 mol/L Na_2CO_3 溶液 0.5～1 mL(视浑浊程度而定)。加热近沸腾,然后再取样检验,直至离心上清液在加入 2 滴 3.0 mol/L H_2SO_4 溶液后,不再有浑浊现象为止。

静置溶液,用普通漏斗过滤,弃去沉淀,留取滤液。

(4)除去过量的 NaOH 和 Na_2CO_3

在滤液中逐滴加入 2.0 mol/L HCl 溶液,用 pH 试纸检验,直至溶液呈微酸性为止(pH＝5～6)。

(5)浓缩与结晶

将调节好 pH 的滤液倒入蒸发皿中,用小火加热蒸发,不断搅拌,防止爆溅,浓缩至稀粥状为止。切不可将溶液蒸干(否则 K^+ 将一起结晶)。

用布氏漏斗进行减压过滤,尽量将结晶抽干,弃去滤液。

将结晶转移到蒸发皿中,放在石棉网上用小火慢慢烘干。冷却后即为精制食盐。

(6)称量并计算收率

称量产品的质量,计算 NaCl 的收率。

2.产品纯度的检验

称取提纯前的粗食盐和提纯后的精制食盐各 1 g,分别置于两试管中,各用 5 mL 蒸馏水溶解。然后各分成三份,各取一份组成三组,对照检验纯度。

(1)SO_4^{2-} 的检验

在第一组溶液中各加入 1～2 滴 2.0 mol/L HCl 溶液,再各加入 2 滴 1.0 mol/L $BaCl_2$ 溶液,振荡试管,观察并记录是否有白色 $BaSO_4$ 沉淀生成。

(2)Ca^{2+}的检验

在第二组溶液中各加入 2 滴 0.5 mol/L $(NH_4)_2C_2O_4$ 溶液，振荡试管，观察并记录是否有白色 CaC_2O_4 沉淀生成。

(3)Mg^{2+}的检验

在第三组溶液中各加入 2～3 滴镁试剂和 2～3 滴 2.0 mol/L NaOH 溶液，观察并记录是否有颜色变化(镁试剂为对硝基苯偶氮间苯二酚，是一种有机染料，它在酸性溶液中呈黄色，在碱性溶液中呈红色或紫色，但被 $Mg(OH)_2$ 吸附后呈蓝色，可用于检验 Mg^{2+} 的存在)。

根据以上实验现象，对氯化钠在提纯前、后的纯度得出结论。

16.5　数据记录与处理

粗食盐的质量：10 g

精制食盐的质量：

$$\text{精制食盐的收率}=\frac{\text{精制食盐的质量}}{\text{粗食盐的质量}}\times 100\% \tag{16-1}$$

16.6　问题与讨论

1.怎样除去粗食盐中的杂质 K^+，Ca^{2+}，Mg^{2+}，SO_4^{2-} 等离子？

2.怎样检验杂质离子是否沉淀完全？

3.怎样除去过量沉淀剂中的 Ba^{2+}，OH^- 和 CO_3^{2-}？

4.能否用 $CaCl_2$ 代替 $BaCl_2$ 来除去食盐中的 SO_4^{2-}？

5.检验过量的 Ba^{2+} 是否沉淀完全，为什么不用 Na_2CO_3 溶液，而用 H_2SO_4 或 Na_2SO_4 溶液？

6.检验 SO_4^{2-} 时，为什么要先加 HCl 后加 $BaCl_2$？

7.怎样检验提纯后的食盐纯度？

8.加 HCl 除去 CO_3^{2-} 时，为什么要把溶液调成微酸性？

9.分析影响精制食盐收率的因素有哪些？

附　常压过滤与减压过滤

1.常压过滤

通过置于漏斗中的滤纸将沉淀(或晶体)与液体分离的操作称之为过滤。过滤包括常压过滤、减压过滤和热过滤等。

常压过滤使用的过滤器是贴有滤纸的玻璃漏斗(图 16-1)。过滤前先将滤纸对折两次(第二次不要折死)，并展开呈圆锥形(一边三层，另一边一层)放入漏斗中，同时适当改变折叠角度，使之紧贴漏斗，若在三层一边的外两层撕去一小角，滤纸与漏斗密合得更好。滤纸边缘应低于漏斗边缘 0.3～0.5 cm。然后用食指将滤纸按在漏斗内壁上，用少量蒸馏水润湿滤纸，再用玻璃棒轻压四周，赶出气泡，以使过滤通畅。

过滤时，将贴有滤纸的漏斗放在漏斗架上，并使漏斗颈下部尖端紧靠接收器(烧杯)内壁，玻璃棒轻靠三层滤纸一边，盛料液的烧杯紧靠玻璃棒，将料液缓缓倾入漏斗中，液面应低于滤纸边缘约 1 cm。转移完毕，用少量蒸馏水洗涤烧杯和玻璃棒，洗涤液也移至漏斗中，最后用洗瓶中少量蒸馏水做螺旋向下运动，冲洗滤纸和沉淀。

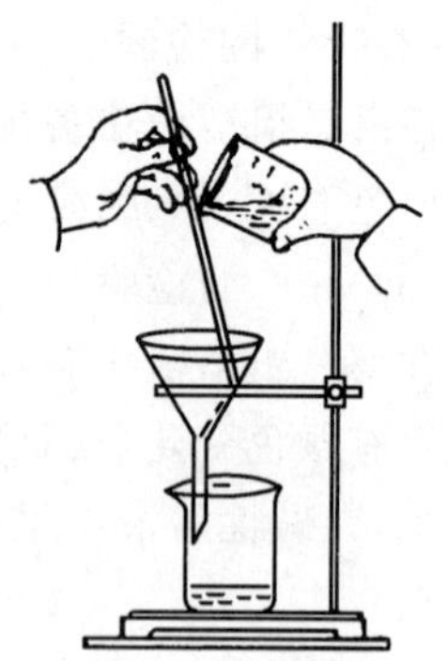

图 16-1　常压过滤

2.减压过滤(吸滤或抽滤)

减压过滤是通过抽出过滤介质上面气体，形成负压，借助大气压力来加快过滤的一种方法。吸滤装置由吸滤瓶、布氏漏斗、安全瓶、抽气管(水泵)组成(图 16-2)。

布氏漏斗是中间具有许多小孔的瓷质过滤器，漏斗颈部配装与吸滤瓶口径匹配的橡皮塞，塞子塞进吸滤瓶的部分不超过塞子的 1/2。吸滤瓶是用来承接滤液的。安全瓶可防止水压变动时，自来水被倒吸入吸滤瓶中，污染滤液。如果最终将滤液废弃，可不装安全瓶。吸滤操作的步骤如下：

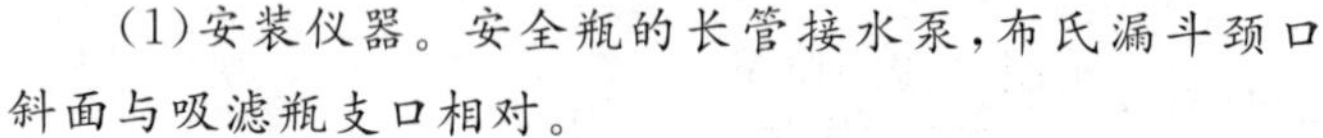

(1)安装仪器。安全瓶的长管接水泵，布氏漏斗颈口斜面与吸滤瓶支口相对。

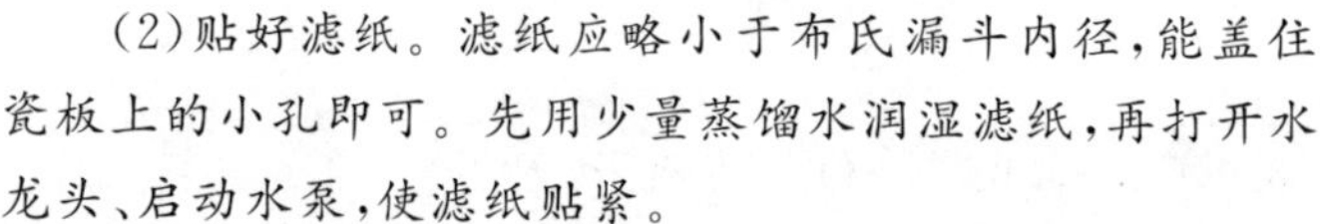

(2)贴好滤纸。滤纸应略小于布氏漏斗内径，能盖住瓷板上的小孔即可。先用少量蒸馏水润湿滤纸，再打开水龙头、启动水泵，使滤纸贴紧。

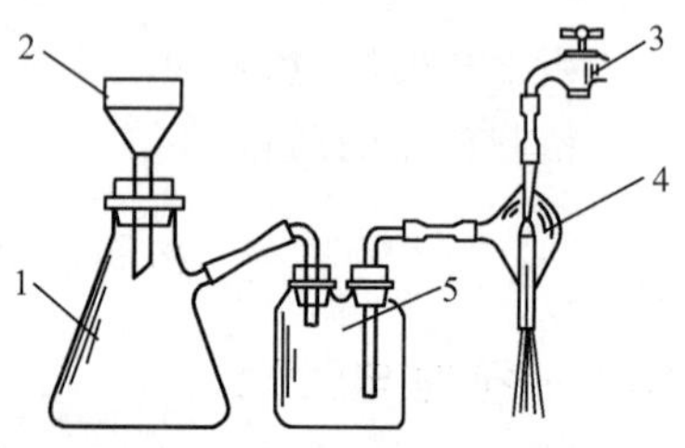

图 16-2　减压过滤

1—吸滤瓶；2—布氏漏斗；3—水龙头；4—抽气管(水泵)；5—安全瓶

(3)过滤时，采用倾析法，先将上层清液沿玻璃棒倒入漏斗中，再将沉淀移入漏斗中部(为尽快抽干，可用一个干净的平顶瓶塞挤压沉淀)。当滤液快上升至吸滤瓶支口处时，应拔去吸滤瓶上的橡皮管，取下漏斗，从吸滤瓶上口倒出滤液后，再继续吸滤。

(4)停止抽滤，要先打开安全瓶活塞，再关水龙头。若在布氏漏斗内洗涤沉淀，应先使少量洗涤液慢慢浸过沉淀，然后再抽滤。

(5)取出过滤好的沉淀。应将漏斗颈口朝上，轻轻敲打漏斗边缘，或在颈口用力一吹，即可使滤饼脱离漏斗，落入事先准备好的滤纸或容器中。

减压过滤不宜于过滤胶状沉淀或很细的沉淀。强酸、强碱、强氧化性溶液能破坏滤纸，可用玻璃布、涤纶布、石棉纤维(弃去沉淀时用)代替滤纸。对强酸性或强氧化性物质，还可用玻璃砂芯坩埚或玻璃砂芯漏斗(砂芯底板是用玻璃砂烧结成的多孔玻璃片)过滤。

实验 17　粗硫酸铜的提纯

17.1　实验目的

1.了解应用水解平衡、氧化还原反应等原理提纯硫酸铜的方法，能控制影响水解平衡的因素；

2.掌握用重结晶法提纯物质的基本原理，熟练称量、加热、溶解、过滤、蒸发浓缩、常压过滤、减压过滤、结晶等基本操作。

17.2 实验原理

硫酸铜晶体($CuSO_4 \cdot 5H_2O$)俗称胆矾或蓝矾，为易溶于水的蓝色晶体。工业上它是制备其他含铜化合物和电镀铜的重要原料。

硫酸铜溶液具有一定的杀菌能力，可抑制藻类生长。它与石灰乳混合制成的农药"波尔多液"用于果树虫害的防治。

工业上，先将废铜屑在空气中煅烧成氧化铜，然后与硫酸作用，经过滤、冷却、结晶，得到粗硫酸铜。

粗硫酸铜中含有不溶性杂质和可溶性杂质。不溶性杂质可用过滤方法除去。可溶性杂质主要是亚铁盐 $FeSO_4$ 和铁盐 $Fe_2(SO_4)_3$。Fe^{2+} 可先用 H_2O_2 氧化为 Fe^{3+}，加热促进水解，并调节溶液的 pH=3.0～3.5，使 Fe^{3+} 水解为 $Fe(OH)_3$ 沉淀，过滤除去。

$$2Fe^{2+} + H_2O_2 + 2H^+ \longrightarrow 2Fe^{3+} + 2H_2O$$

$$Fe^{3+} + 3H_2O \longrightarrow Fe(OH)_3 \downarrow + 3H^+$$

除铁后的滤液经蒸发浓缩(此过程溶液应保持酸性)即可得到 $CuSO_4 \cdot 5H_2O$ 晶体。

其他微量可溶性杂质仍留在母液中，过滤时可与 $CuSO_4 \cdot 5H_2O$ 晶体分离。

如果结晶纯度要求高，可再用尽量少的水将晶体重新溶解，然后进行蒸发浓缩、结晶、减压过滤，微量杂质再次留在母液中，此操作过程称为重结晶。重结晶是提高产品纯度常用的一种方法。

重结晶的原理是待提纯物质的溶解度一般随温度的降低而减小，当冷却它的热饱和溶液时，待提纯物质首先结晶析出，而少量杂质尚未达到饱和且溶解度随温度变化不大，仍留在母液中。

17.3 仪器与试剂及材料

1.仪器

托盘天平，漏斗架，普通漏斗，布氏漏斗，吸滤瓶，蒸发皿，酒精灯，研钵，真空泵。

2.试剂及材料

HCl 溶液(2.0 mol/L)，H_2SO_4 溶液(1.0 mol/L)，NaOH 溶液(0.5 mol/L)，$NH_3 \cdot H_2O$ 溶液(6.0 mol/L)，KSCN 溶液(0.1 mol/L)，H_2O_2 溶液(3%)，粗硫酸铜，pH 试纸，滤纸。

17.4 实验内容

1.硫酸铜的提纯

(1)称量和溶解

用托盘天平称取粗硫酸铜 12～13 g，在研钵中研成细粉末。称取研细的硫酸铜 10 g，放入 100 mL 的小烧杯中，加蒸馏水 30 mL。然后将烧杯置于石棉网上加热(70～80 ℃)，同时搅拌至溶解。

(2)氧化和沉淀

往溶液中逐滴加入 1 mL 3% H_2O_2 溶液，加热，逐滴加入 0.5 mol/L NaOH 溶液直至溶液 pH=3.0～3.5。再加热 2 min，静置，使生成的红褐色 $Fe(OH)_3$ 沉降。

(3)过滤

趁热在普通漏斗上过滤硫酸铜溶液，滤液收集在清洁的蒸发皿中。烧杯及玻璃棒用少许蒸馏水洗涤,洗涤水一并滤入蒸发皿中。弃去沉淀,留取滤液。

(4)蒸发和结晶

在滤液中逐滴加入 1.0 mol/L H_2SO_4 溶液至溶液 pH=1~2。然后慢慢加热(控制溶液不沸腾,以免溅失),不断搅拌,蒸发浓缩。当液面出现一层很薄的晶膜时,停止加热。静置,冷却至室温,使 $CuSO_4 \cdot 5H_2O$ 充分结晶析出。

(5)减压过滤

将蒸发皿中物质用玻璃棒全部转移到布氏漏斗中,进行减压过滤。尽量抽干,并用玻璃棒轻轻按压晶体。

取出晶体,放在已准备好的两层滤纸中,尽可能吸干水分。

(6)称量并计算收率

称量产品质量,计算收率。

2.$CuSO_4 \cdot 5H_2O$ 的纯度检验

各称取 0.5 g 粗硫酸铜和精制硫酸铜,平行做下面实验。

(1)放入 100 mL 小烧杯中,加入 5 mL 蒸馏水溶解,加入 2~3 滴 1.0 mol/L H_2SO_4 溶液酸化,然后加入 5 滴 3% H_2O_2 溶液,煮沸片刻,使其中的 Fe^{2+} 氧化为 Fe^{3+}。冷却。

(2)待溶液冷却后,边搅拌边逐滴加入 6.0 mol/L $NH_3 \cdot H_2O$ 溶液,先有淡蓝色碱式盐 $Cu_2(OH)_2SO_4$ 生成,继续滴加 $NH_3 \cdot H_2O$ 溶液,直到沉淀完全溶解而变成深蓝色澄清溶液,再多加几滴。此时,Fe^{3+} 成为 $Fe(OH)_3$ 沉淀,而 Cu^{2+} 则转化为配离子 $[Cu(NH_3)_4]^{2+}$。

$$Fe^{3+} + 3NH_3 \cdot H_2O \longrightarrow Fe(OH)_3 \downarrow + 3NH_4^+$$

$$2Cu^{2+} + SO_4^{2-} + 2NH_3 \cdot H_2O \longrightarrow Cu_2(OH)_2SO_4 \downarrow + 2NH_4^+$$

$$Cu_2(OH)_2SO_4 + 2NH_4^+ + 6NH_3 \cdot H_2O \longrightarrow 2[Cu(NH_3)_4]^{2+} + SO_4^{2-} + 8H_2O$$

(3)将所得溶液常压过滤。然后用滴管吸取 10~15 mL 1.0 mol/L $NH_3 \cdot H_2O$ 溶液(事先稀释好)逐滴滴在滤纸上(滴在滤纸上部,任其流下),洗涤滤纸,直至蓝色洗净为止。弃去滤液。此时如有 $Fe(OH)_3$ 红褐色沉淀,仍留在滤纸上。

(4)漏斗下放一支洁净的小试管,用滴管将热的 3 mL 2.0 mol/L HCl 溶液逐滴滴在滤纸上,以溶解 $Fe(OH)_3$ 沉淀。如一次不能完全溶解,可将试管内滤液反复滴在滤纸上(要接收滤液),直至完全溶解。

(5)在滤液中滴加 2 滴 0.1 mol/L KSCN 溶液,观察颜色变化。如显血红色,则表明有 Fe^{3+} 存在。Fe^{3+} 愈多,血红色愈深。

对比两组平行实验的颜色,根据血红色的深浅程度可以比较 Fe^{3+} 含量的多少,以此对产品的纯度进行初步评价。

17.5 数据记录与处理

粗硫酸铜的质量:10 g

精制硫酸铜的收率:

$$精制硫酸铜的收率=\frac{精制硫酸铜的质量}{粗硫酸铜的质量}\times 100\% \qquad (17\text{-}1)$$

17.6　问题与讨论

1.实验中为何选择 H_2O_2 作为氧化剂？还可选择哪些氧化剂？

2.硫酸铜提纯过程中除去 Fe^{3+} 时，为什么要调节溶液的 pH＝3.0～3.5？pH＜3.0 或 pH＞3.5 有什么影响？

3.在蒸发浓缩过滤后的硫酸铜溶液前，为什么要调节溶液的 pH＝1～2？

4.蒸发浓缩过程中要注意哪些事项？

5.在产品纯度检验中，为什么用氨水而不用蒸馏水洗涤滤纸？

6.在蒸发浓缩及结晶过程中，为什么不可将滤液蒸干？

7.影响 $CuSO_4 \cdot 5H_2O$ 收率的因素有哪些？

8.如何检验 $CuSO_4$ 溶液中少量的 Fe^{3+}？

实验 18　硫酸亚铁铵的制备及检验

18.1　实验目的

1.掌握制备复盐的原理和方法，会制备硫酸亚铁铵；

2.掌握过滤、蒸发、结晶等基本操作；

3.了解目视比色法的原理，会用目视比色法检验硫酸亚铁铵中 Fe^{3+} 的含量。

18.2　实验原理

1.制备原理

硫酸亚铁铵[$(NH_4)_2Fe(SO_4)_2 \cdot 6H_2O$]俗称摩尔盐，为浅蓝绿色晶体。约在 100 ℃失去结晶水，易溶于水，不溶于乙醇。在空气中不易被氧化，故在分析化学中常被选作氧化还原滴定法的基准物。

本实验以铁屑为原料，先制取硫酸亚铁，再用硫酸亚铁与硫酸铵反应，进一步制得硫酸亚铁铵。反应方程式为

$$Fe + H_2SO_4(稀) \longrightarrow FeSO_4 + H_2\uparrow$$

$$FeSO_4 + (NH_4)_2SO_4 + 6H_2O \longrightarrow (NH_4)_2Fe(SO_4)_2 \cdot 6H_2O$$

由于硫酸亚铁铵的溶解度比七水硫酸亚铁和硫酸铵都要小(表 18-1)，所以在蒸发、冷却后，通过结晶便可从混合溶液中析出。

表 18-1　　**三种化合物的溶解度**　　g/100 g H_2O

化合物 \ 温度/℃	0	10	20	30	50	70
$(NH_4)_2SO_4$	70.6	73.0	75.4	78.1	84.5	91.9
$FeSO_4 \cdot 7H_2O$	15.7	20.5	26.6	33.2	48.6	56.0
$(NH_4)_2Fe(SO_4)_2 \cdot 6H_2O$	12.5	18.1	21.2	24.5	31.3	38.5

2.检测原理

硫酸亚铁铵中所含杂质主要是 Fe^{3+}，其含量可采用目视比色法检验。目视比色法是

用肉眼观察、比较溶液颜色深浅以确定物质含量的方法。目视比色法以全谱光为光源,不需要单色光。其仪器简单,操作方便,广泛用于准确度要求不高的常规分析和生产中的中控分析。

目视比色法原理是将被测物质与标准色阶在相同的条件下显色,当液层厚度相同,溶液颜色相同时,二者浓度相等。该实验的显色剂是 KSCN,显色反应为

$$\underset{(黄色)}{Fe^{3+}} + nSCN^- \longrightarrow \underset{(血红色)}{[Fe(SCN)_n]^{3-n}} \quad (n=1\sim6)$$

比色的方法是侧向观察比较标准色阶与溶有试样的比色管颜色的深浅,并根据颜色确定产品的等级或含有杂质的浓度。为准确获得比色效果,比色管后应衬白纸。应当注意,不宜在强光下进行比色,以免眼睛疲劳,引起较大的误差。

18.3 仪器与试剂及材料

1.仪器

托盘天平(1 台),抽滤装置(1 套),烧杯(100 mL,250 mL 各 1 个),表面皿(1 个),酒精灯(1 个),石棉网(1 个),蒸发皿(1 个),比色管(25 mL,4 支),容量瓶(100 mL,1 个),电炉(1 个)。

2. 试剂及材料

Na_2CO_3 溶液(10%),H_2SO_4 溶液(3.0 mol/L),$(NH_4)_2SO_4$(CP,固),KSCN 溶液(1.0 mol/L),Fe^{3+} 标准溶液(0.1 mg/mL),HCl 溶液(2.0 mol/ L),铁屑,滤纸。

18.4 实验内容

1.硫酸亚铁铵的制备

(1)铁屑表面油污的去除

称取 4 g 铁屑,放在小烧杯内,加入 20 mL 10% Na_2CO_3 溶液,小火加热约 10 min,用倾泻法除去碱液,依次用自来水、蒸馏水把铁屑冲洗干净。

(2)硫酸亚铁的制备

向盛有除去表面油污铁屑的小烧杯中倒入 30 mL 3.0 mol/L H_2SO_4 溶液,盖上表面皿,用小火缓慢加热至不再有气泡冒出为止(在加热过程中应不时补入因蒸发而减少的水分,以防 $FeSO_4$ 结晶析出)。趁热抽滤(为防 $FeSO_4$ 结晶,在室温较低时,布氏漏斗可先用温水预热),滤液立即转移至蒸发皿中。

将滤纸及残渣放置在预先温热的石棉网上至干燥为止,称量反应剩余物的质量(扣除滤纸质量),计算已反应铁屑的质量以及 $FeSO_4$ 的理论产量。

(3)硫酸亚铁铵的制备

根据 $FeSO_4$ 的理论产量及反应式计算所需固体 $(NH_4)_2SO_4$ 的质量(考虑到 $FeSO_4$ 在过滤中的损失,$(NH_4)_2SO_4$ 用量可按生成 $FeSO_4$ 理论产量的 80%~85%计算)。

称量所需 $(NH_4)_2SO_4$ 的质量,参照其溶解度表配成饱和溶液,在搅拌下倒入盛有 $FeSO_4$ 的蒸发皿中,用小火缓慢、均匀加热(可在蒸发皿下垫上石棉网,最好用水浴加热),蒸发浓缩至表面刚刚出现晶膜为止(注意蒸发浓缩过程中不宜搅动,以防析出细微结晶,不易过滤),静置,自然冷却至室温。

析出的 $(NH_4)_2Fe(SO_4)_2 \cdot 6H_2O$ 晶体用倾泻法除去母液,将晶体移入布氏漏斗中抽

滤至干，然后用滤纸吸干，称量，并计算产率。

2.产品的检验

(1)配制标准色阶

取 3 支比色管，编号；用移液管分别加入 0.1 mg/mL Fe^{3+} 标准溶液 0.5 mL，1.0 mL，2.0 mL；用滴管滴加 2 mL 2.0 mol/ L HCl 与 1 mL 1.0 mol/L KSCN 溶液，最后用除氧蒸馏水(不含氧的蒸馏水，其制备方法是将蒸馏水加热至沸腾 10 min，冷却后使用)稀释至 25 mL，摇匀即可。

(2)比色检验

称量 1 g 产品，倒入比色管中，先用 15 mL 除氧蒸馏水溶解，再依次用滴管滴加 2 mL 2.0 mol/L HCl 与 1 mL 1.0 mol/L KSCN 溶液；用除氧蒸馏水稀释到刻度；与标准色阶比较，确定产品 Fe^{3+} 的含量及等级(表 18-2)。

表 18-2　　不同等级产品中 Fe^{3+} 的含量

规 格	一级品	二级品	三级品
产品含 Fe^{3+} 量/($mg \cdot g^{-1}$)	0.05	0.1	0.2

18.5 数据记录与处理

剩余铁屑________ g；反应铁屑________ g；

$FeSO_4$ 理论产量________ g；需用$(NH_4)_2SO_4$ ________ g；

产品外观$(NH_4)_2Fe(SO_4)_2 \cdot 6H_2O$ 为________ 色结晶；

产品产量________ g；理论产量________ g；

产品产率________ %。

18.6 问题与讨论

1.倾泻法过滤应如何操作？

2.如何加热烧杯中的液体？

3.制备硫酸亚铁时，反应结束后为什么要趁热抽滤而且滤液要立即转移至蒸发皿中？

4.怎样计算$(NH_4)_2SO_4$ 的用量及$(NH_4)_2Fe(SO_4)_2 \cdot 6H_2O$ 的产率？

5.制备硫酸亚铁铵时，如何用小火缓慢、均匀加热？溶液浓缩至什么状态时停止加热？

6.如何制备除氧蒸馏水？

7.如何刷洗比色管？

实验 19　硫代硫酸钠的制备

19.1 实验目的

1.了解一种制备硫代硫酸钠的原理和方法，能根据其性质进行产品检验；

2.掌握无机化合物制备过程中的基本操作步骤，熟练称量、溶解、加热、过滤、蒸发、浓缩、结晶等基本技能。

19.2 实验原理

硫代硫酸钠的五水化合物($Na_2S_2O_3 \cdot 5H_2O$)俗称海波，又名大苏打。易溶于水，其水溶液呈弱碱性。$Na_2S_2O_3 \cdot 5H_2O$ 在 40 ℃开始溶于其结晶水中，在 100 ℃失去结晶水。

制备硫代硫酸钠的方法有多种，工业上或实验室常用硫黄粉和亚硫酸钠溶液在加热的条件下发生化合反应生成 $Na_2S_2O_3$。

$$Na_2SO_3 + S \longrightarrow Na_2S_2O_3$$

经过滤、蒸发、浓缩、结晶，即可得到 $Na_2S_2O_3 \cdot 5H_2O$。

$Na_2S_2O_3$ 与酸反应，生成的硫代硫酸极不稳定，分解为 SO_2 和 S。

$$Na_2S_2O_3 + 2HCl \longrightarrow 2NaCl + SO_2\uparrow + S\downarrow + H_2O$$

此反应既有气体逸出，又有黄色的硫析出，这是与 Na_2SO_3 的区别。

$Na_2S_2O_3 \cdot 5H_2O$ 是无机化学与分析化学常用的还原剂。与不同强度的氧化剂反应，得到不同的氧化产物。与 I_2 反应，被氧化为连四硫酸钠；与 $KMnO_4$，Cl_2 反应，被氧化成硫酸盐。

$$2Na_2S_2O_3 + I_2 \longrightarrow Na_2S_4O_6 + 2NaI$$

$$5Na_2S_2O_3 + 8KMnO_4 + 7H_2SO_4 \longrightarrow 5Na_2SO_4 + 8MnSO_4 + 4K_2SO_4 + 7H_2O$$

$Na_2S_2O_3$ 具有配位性。例如难溶性银盐与 $Na_2S_2O_3$ 反应，生成可溶性的二硫代硫酸根合银(Ⅰ)酸钠。

$$AgBr + 2Na_2S_2O_3 \longrightarrow Na_3[Ag(S_2O_3)_2] + NaBr$$

利用这一性质，硫代硫酸钠常用作感光胶片的定影剂。

19.3 仪器与试剂及材料

1.仪器

烘箱，真空泵，布氏漏斗，吸滤瓶，托盘天平，点滴板，酒精灯，烧杯(250 mL)，蒸发皿。

2.试剂及材料

HCl 溶液(2.0 mol/L)，H_2SO_4 溶液(2.0 mol/L)，$KMnO_4$ 溶液(0.01 mol/L)，碘水，蒸馏水，乙醇(95%)，Na_2SO_3(CP，固)，硫黄粉(CP，固)，$Na_2S_2O_3 \cdot 5H_2O$(CP，固)，AgBr(CP，固)，pH 试纸，滤纸。

19.4 实验内容

1.硫代硫酸钠的制备

(1)称量和溶解亚硫酸钠

用托盘天平称取无水亚硫酸钠 15 g 于 250 mL 烧杯中，加 100 mL 蒸馏水，加热搅拌使其溶解。继续加热至近沸腾。

(2)称取硫黄粉，制取 $Na_2S_2O_3$

称取充分研细的硫黄粉 5 g 于小烧杯中，加水和乙醇各半，调成糊状。边搅拌边把糊状硫黄分次加入到近沸腾的亚硫酸钠溶液中，继续持续稳定加热，保持沸腾状态 1～1.5 h，注意不要溅出。使硫黄与亚硫酸钠充分反应。在此过程中，要不断搅拌，用少量水把烧杯壁上黏附的硫冲淋进溶液中，同时补充蒸发的水分。

(3)过滤

待反应完毕，趁热减压过滤。弃去未反应的硫黄，留取滤液。

(4)浓缩结晶

将滤液倒入蒸发皿中，放在石棉网上小火加热蒸发，浓缩至稀粥状(不能蒸发得太浓)。停止加热,不断搅拌,冷却至室温。如无结晶析出,加几粒事先称量好的硫代硫酸钠晶体,搅拌,静置 20 min,即有大量晶体($Na_2S_2O_3 \cdot 5H_2O$)析出。

(5)减压过滤

将蒸发皿中的液体转移到布氏漏斗中,减压过滤,同时用玻璃棒轻轻按压结晶,尽量抽干。

(6)干燥、称量并计算产率

将 $Na_2S_2O_3 \cdot 5H_2O$ 晶体放在烘箱中干燥(40 ℃)20～30 min。称量所得晶体质量,计算产率。

2.产品性质检验

称取 0.5 g 产品,溶于 10 mL 蒸馏水中配成溶液,自行设计并进行以下性质的实验。

(1)用 pH 试纸测试溶液的酸碱性。

(2)与碘水反应,观察溶液颜色的变化。

(3)与 2.0 mol/L HCl 溶液反应(在通风橱内进行),观察沉淀颜色和有无气体生成。

(4)与酸性 $KMnO_4$ 溶液反应,观察溶液颜色变化。

(5)与难溶性的 AgBr 沉淀反应,注意沉淀的溶解。

根据以上实验现象,对产品性质得出结论。

19.5 数据记录与处理

亚硫酸钠的质量:15 g;硫黄粉的质量:5 g。

$Na_2S_2O_3 \cdot 5H_2O$ 的实际产量:________ g;

$Na_2S_2O_3 \cdot 5H_2O$ 的理论产量:________ g。

$$Na_2S_2O_3 \cdot 5H_2O\text{ 的产率}=\frac{Na_2S_2O_3 \cdot 5H_2O\text{ 的实际产量}}{Na_2S_2O_3 \cdot 5H_2O\text{ 的理论产量}}\times 100\% \qquad (19\text{-}1)$$

19.6 问题与讨论

1.本实验所用反应物中哪种是过量的?另一种过量可以吗?

2.在蒸发浓缩硫代硫酸钠溶液的过程中,为什么不能蒸发得太浓?

3.干燥硫代硫酸钠晶体时为什么温度要控制在 40 ℃?

4.自行设计好产品性质检验的实验步骤并分析现象。

实验 20 硝酸钾的制备

20.1 实验目的

1.了解盐类溶解度和温度的关系,能用转化法制备硝酸钾;

2.掌握溶解、减压抽滤及重结晶操作,能用重结晶法提纯物质。

20.2 实验原理

1.硝酸钾的制备

工业上常采用转化法制备硝酸钾晶体,其反应为

$$NaNO_3 + KCl \rightleftharpoons NaCl + KNO_3$$

该反应是可逆的。如图 20-1 所示，NaCl 的溶解度随温度变化不大，而 KCl，$NaNO_3$ 和 KNO_3 溶解度在高温时较大，随温度降低明显减小。因此利用溶解度的差别，可以将硝酸钾从生成物中分离出来。

加热浓缩 $NaNO_3$ 和 KCl 混合溶液至 118～120 ℃时，由于 NaCl 的溶解度增加较少，因此随着溶剂的减少将逐渐析出；而此时 KNO_3 溶解度却很大，未达到饱和状态，不会析出。热过滤除去 NaCl，然后将溶液冷却至室温，KNO_3 因溶解度急剧下降而大量析出，NaCl 的溶解度随温度变化不大，仅有少量析出，从而得到 KNO_3 粗产品。再经过重结晶提纯，即可得到纯品 KNO_3。

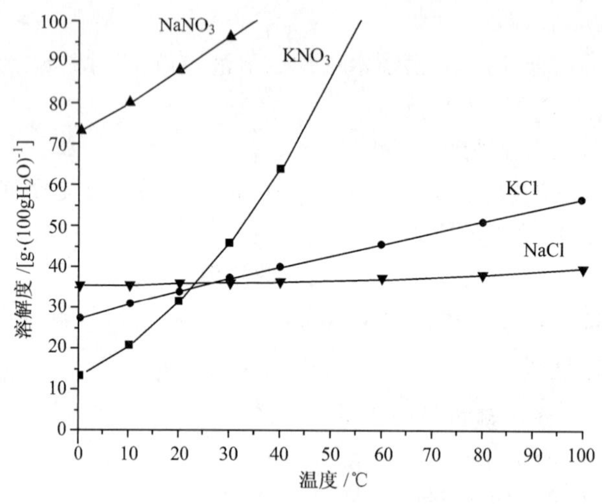

图 20-1　KNO_3 等四种盐的溶解度曲线

2.纯度检验

KNO_3 产品中的杂质 NaCl 利用氯离子和银离子反应生成氯化银白色沉淀来定性检验。

$$Ag^+ + Cl^- \longrightarrow AgCl\downarrow$$

20.3　仪器与试剂及材料

1.仪器

无机化学实验常用仪器 1 套，烧杯(100 mL，250 mL，各 1 个)，温度计(200 ℃，1 支)，抽滤装置(1 套)，量筒(10 mL，50 mL，各 1 个)，托盘天平(1 台)。

2.试剂及材料

KCl(LR，固)，$NaNO_3$(LR，固)，HNO_3 溶液(5.0 mol/L)，$AgNO_3$ 溶液(0.1 mol/L)，蒸馏水，滤纸。

20.4　实验步骤

1.晶体的制备

(1)用托盘天平称取 20 g $NaNO_3$ 和 17 g NaCl，放入 100 mL 小烧杯中，加入 30 mL 蒸馏水，加热至沸腾，使固体溶解(记下小烧杯中液面的位置)。

(2)继续加热，并不断搅动溶液，使 NaCl 逐渐析出，当体积减少到约为原来的 1/2(或加热至 118 ℃)时，趁热迅速进行热过滤(热过滤漏斗颈应尽可能短)，盛接滤液的烧杯预先加入 2 mL 蒸馏水，以防降温时 NaCl 因饱和而析出。

(3)待滤液冷却到室温，先采用倾泻法过滤，过滤前，静置溶液，使沉淀沉降。过滤时，先将上层清液沿玻璃棒倾入漏斗中(液面应低于漏斗边缘 1 cm)，再把沉淀转移到滤纸上，通过减压过滤得 KNO_3 粗产品，称量。

(4)粗产品的重结晶

①除保留少量(0.1～0.2 g)粗产品供纯度检验外，按粗产品：水＝2：1(质量比)将粗产品溶于蒸馏水中。

②加热、搅拌，待晶体全部溶解后停止加热。若溶液沸腾时，晶体还未完全溶解，可再加极少量蒸馏水使其溶解。

③待溶液冷却至室温后抽滤，得到纯度较高的 KNO_3 晶体，称量。抽滤时沉淀的洗涤应本着少量多次的原则，即每次加入的洗涤液滤完后再加洗涤液，一般洗涤 2～3 次即可。

2.纯度的定性检验

分别称取 0.1 g 粗产品和重结晶得到的产品放入两支小试管中，各加入 2 mL 蒸馏水配成溶液。在溶液中分别滴入 1 滴 5.0 mol/L HNO_3 溶液酸化，再各滴入 2 滴 0.1 mol/L $AgNO_3$ 溶液，观察现象，进行对比，重结晶后的产品溶液应为澄清，若出现浑浊现象，则说明产品中仍含有较多 NaCl。

20.5 问题与讨论

1.什么是重结晶？本实验都涉及哪些基本操作？应注意什么？

2.溶液沸腾后为什么温度高于 100 ℃？

3.能否将除去氯化钠后的滤液直接冷却制取硝酸钾？

实验 21 以废铝为原料制备氢氧化铝

21.1 实验目的

1.了解废物综合利用的意义，能用废铝制备氢氧化铝；

2.理解金属铝和氢氧化铝的有关性质；

3.掌握无机制备中的一些基本操作方法。

21.2 实验原理

$Al(OH)_3$ 为白色、无定形粉末，无味，可溶于酸和碱，不溶于水，用作分析试剂、媒染剂，也用于制药工业和铝盐制备。

我国每年有大量废弃的铝(铝牙膏皮、铝制器皿、铝饮料罐等)。本实验是利用废弃的铝牙膏皮、铝饮料罐来制备工业上有用的 $Al(OH)_3$。

人工合成的氢氧化铝因制备条件不同，可得到不同结构、不同含水量的氢氧化铝，如 $AlO(OH)$，α-$Al(OH)_3$，γ-$Al(OH)_3$ 及无定形的 $Al_2O_3 \cdot x\ H_2O$。

本实验采用铝酸盐法制备氢氧化铝，以废弃的铝牙膏皮或铝饮料罐为原料，首先与 NaOH 反应制备偏铝酸钠溶液，然后与 NH_4HCO_3 溶液反应得到氢氧化铝沉淀。

$$2Al + 2NaOH + 6H_2O \longrightarrow 2Na[Al(OH)_4] + 3H_2\uparrow$$

$$或\ 2Al + 2NaOH + 2H_2O \longrightarrow 2NaAlO_2 + 3H_2\uparrow$$

$$2NaAlO_2 + NH_4HCO_3 + 2H_2O \longrightarrow Na_2CO_3 + 2Al(OH)_3\downarrow + NH_3\uparrow$$

新沉淀的 $Al(OH)_3$ 长时间浸于水中将失去溶于酸和碱的能力，在高于 130 ℃时进行干燥也可能出现类似变化。

21.3 仪器与试剂及材料

1.仪器

烧杯(250 mL，2 个；400 mL，1 个)，布氏漏斗(3 个)，吸滤瓶(1 个)，恒温干燥箱(1 台)，托盘天平(1 台)。

2.试剂及材料

NaOH(固)，NH_4HCO_3(固)，废弃的铝牙膏皮或铝饮料罐，pH 试纸。

21.4 实验内容

1.制备偏铝酸钠

将 1 g 已经处理好的铝片剪成细条或碎片，快速称取比理论量多 50%的固体 NaOH 放于 250 mL 烧杯中，加入 50 mL 蒸馏水溶解，加热，并分次加入处理好的铝片，反应开始后即停止加热，并以加铝片的快慢和多少控制反应速度(反应激烈时以表面皿盖住，防止碱液溅出发生伤人事故)。

反应至不再有气体产生后，用布氏漏斗减压过滤，将滤液转入至 250 mL 烧杯中。用少量水淋洗反应烧杯一次，淋洗液再行过滤，淋洗滤液一并转入至 250 mL 烧杯中。再用少量水淋洗吸滤瓶一次，淋洗液也转入至 250 mL 烧杯中。

2.合成氢氧化铝

将上述偏铝酸钠溶液加热至沸腾，在不断搅拌下，将 75 mL 饱和 NH_4HCO_3 溶液(自己配制，NH_4HCO_3 的溶解度见表 21-1)以细流状加入其中，逐渐有沉淀生成，并将沉淀搅拌 5 min (注意：整个过程需不停搅拌，停止加热后还要搅拌一会儿，以防溅出)。静置澄清，检验沉淀是否完全，待沉淀完全后，用布氏漏斗减压过滤。

表 21-1　　NH_4HCO_3 的溶解度

温度/℃	0	10	20	30
溶解度/g·(100 g H_2O)$^{-1}$	11.9	15.8	21	27

3.氢氧化铝的洗涤、干燥

将 $Al(OH)_3$ 沉淀转入 400 mL 烧杯中，加入约 50 mL 近沸腾的蒸馏水，在搅拌下加热 2～3 min，静置澄清，重复上述操作两次。最后一次将沉淀移入布氏漏斗减压过滤，并用 100 mL 近沸腾的蒸馏水洗涤(此时滤液的 pH=7～8)，抽干。将 $Al(OH)_3$ 移至表面皿上，放入烘箱中，在 80 ℃下烘干，冷却后称量。

21.5 数据记录与处理

产品产量________ g；理论产量________ g；

产率________ %。

21.6　问题与讨论

1.计算 $Al(OH)_3$ 沉淀完全时的 pH，沉淀时应控制的 pH 范围。

2.欲得到纯净松散的 $Al(OH)_3$ 沉淀，合成中应注意哪些条件？

3.怎样配制 75 mL 饱和 NH_4HCO_3 溶液？

4.合成氢氧化铝时，如何检验沉淀是否完全？

实验 22　常见离子的分离与鉴定

22.1　实验目的

1.掌握一些常见离子的性质和鉴定反应；

2.了解离子分离与鉴定的一般原则，掌握常见离子分离与鉴定的原理和方法。

22.2　实验原理

利用加入特定的化学试剂与溶液中某种离子发生特征反应的方法来确定溶液中某种离子的存在的过程，称为该离子的鉴定。所发生的化学反应称为该离子的鉴定反应。鉴定反应多为在水溶液中进行的离子反应，不仅具有快速、灵敏度高的特点，同时还伴有明显的外观现象（如沉淀的生成或溶解、颜色的改变、特殊气体的生成等）。

只对某一种离子发生特征反应，而不受其他离子的干扰的试剂称为特效试剂。利用特效试剂检验出某一种离子的存在非常方便。但目前仅有较少数离子能找到特效试剂，例如 NH_4^+，K^+，Na^+，Fe^{2+}，Fe^{3+} 等。多数试剂往往会与几种离子反应，出现类似的现象。

鉴定反应需在一定的条件下才能按预期方向进行。如不注意反应条件，就得不到正确的结果。鉴定反应要求的条件主要有反应物的浓度、溶液的温度、溶剂及催化剂等。

为了得到正确的分析结果，通常要做空白试验和对照实验。

非金属元素可以形成简单的或复杂的阴离子，常见重要阴离子有 Cl^-，Br^-，I^-，S^{2-}，SO_3^{2-}，$S_2O_3^{2-}$，SO_4^{2-}，NO_3^-，NO_2^-，PO_4^{3-}，CO_3^{2-} 等十几种。许多阴离子只在碱性溶液中存在或共存，一旦溶液被酸化，它们就会分解或相互间发生反应。酸性条件下易分解的有 NO_2^-，SO_3^{2-}，$S_2O_3^{2-}$，S^{2-}，CO_3^{2-}；酸性条件下氧化性离子 NO_3^-，NO_2^-，SO_3^{2-} 可与还原性离子 I^-，$S_2O_3^{2-}$，S^{2-} 发生氧化还原反应。还有些离子易被空气氧化，如 NO_2^-，SO_3^{2-}，S^{2-} 易分别被空气氧化成 NO_3^-，SO_4^{2-} 和 S 等，分析不当也容易造成错误。

阴离子间的相互干扰较少，因此可采用分别分析法，只有少数相互有干扰的离子才采用系统分析法，如 S^{2-}，SO_3^{2-}，$S_2O_3^{2-}$，Cl^-，Br^-，I^- 等。

例题：SO_4^{2-}，NO_3^-，Cl^-，CO_3^{2-} 混合液的定性分析。

分析：上述四种离子在鉴定时互相无干扰，可采用分别分析法。

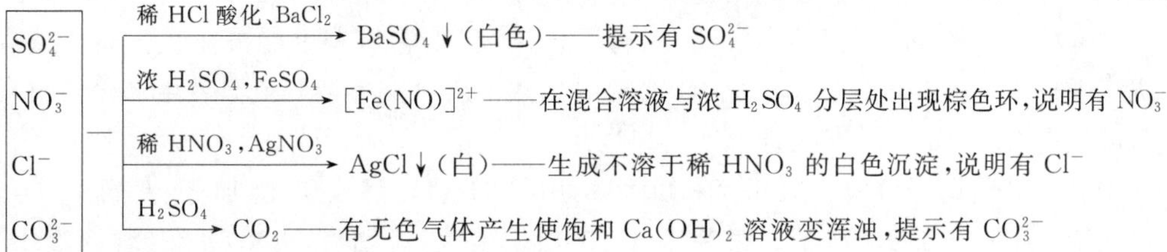

22.3 仪器与试剂及材料

1. 仪器

无机化学实验常用仪器(1 套),离心试管,水浴烧杯,点滴板,离心机。

2. 试剂及材料

浓度为 0.1 mol/L 的离子混合溶液 5 组:CO_3^{2-},SO_4^{2-},NO_3^-,PO_4^{3-};Cl^-,Br^-,I^-;S^{2-},SO_3^{2-},$S_2O_3^{2-}$,CO_3^{2-};K^+,Ba^{2+},Fe^{3+},Cu^{2+},Ag^+;CO_3^{2-},NO_2^-,NO_3^-,PO_4^{3-},S^{2-},SO_3^{2-},$S_2O_3^{2-}$,SO_4^{2-},Cl^-,Br^-,I^-。

H_2SO_4 溶液(3.0 mol/L,2.0 mol/L,0.1 mol/L),$BaCl_2$ 溶液(1.0 mol/L),HCl 溶液(6.0 mol/L),$AgNO_3$ 溶液(0.1 mol/L),HNO_3 溶液(6.0 mol/L),KI 溶液(0.1 mol/L),CCl_4,$KMnO_4$ 溶液(0.1 mol/L),$(NH_4)_2CO_3$ 溶液(12%),Na_2S 溶液(0.1 mol/L),Na_2SO_3 溶液(0.1 mol/L),$Na_2S_2O_3$ 溶液(0.1 mol/L),Na_2SO_4 溶液(0.1 mol/L),锌粉,滤纸,pH 试纸。

22.4 实验内容

1.已知离子混合溶液的分离与鉴定

按例题格式,设计出合理的分离鉴定方案,分离鉴定下列各组离子。

(1)CO_3^{2-},SO_4^{2-},NO_3^-,PO_4^{3-}　　(2)Cl^-,Br^-,I^-

(3)S^{2-},SO_3^{2-},$S_2O_3^{2-}$,CO_3^{2-}　　(4)K^+,Ba^{2+},Fe^{3+},Cu^{2+},Ag^+

2.未知阴离子混合溶液的分析

某混合离子试液可能含有 CO_3^{2-},NO_2^-,NO_3^-,PO_4^{3-},S^{2-},SO_3^{2-},$S_2O_3^{2-}$,SO_4^{2-},Cl^-,Br^-,I^-,按下列步骤进行分析,确定其中含有哪些离子。

(1) 初步检验

①用 pH 试纸测试未知试液的酸碱性。如果溶液呈酸性,哪些离子不可能存在?如果试液呈碱性或中性,可取试液数滴,用 3.0 mol/L H_2SO_4 溶液酸化并水浴加热。若无气体生成,表示 CO_3^{2-},NO_2^-,S^{2-},SO_3^{2-},$S_2O_3^{2-}$ 等离子不存在;如果有气体生成,则可根据气体的颜色、气味和性质初步判断哪些阴离子可能存在。

②钡盐组阴离子的检验。在离心试管中加入几滴未知试液,加入 1~2 滴 1.0 mol/L $BaCl_2$ 溶液,观察有无沉淀生成。如果有白色沉淀生成,可能有 SO_4^{2-},SO_3^{2-},PO_4^{3-},CO_3^{2-} 等离子($S_2O_3^{2-}$ 的浓度大时才会生成 BaS_2O_3 沉淀)。离心分离,在沉淀中加入数滴 6.0 mol/L HCl 溶液,根据沉淀是否溶解,进一步判断哪些离子可能存在。

③银盐组阴离子的检验。取几滴未知试液,滴加 0.1 mol/L $AgNO_3$ 溶液。如果立即生成黑色沉淀,表示有 S^{2-} 存在;如果生成白色沉淀,并迅速变黄、变棕、变黑,则有 $S_2O_3^{2-}$ 存在;但 $S_2O_3^{2-}$ 浓度大时,也可能生成$[Ag(S_2O_3)_2]^{3-}$而不析出沉淀。Cl^-,Br^-,I^-,CO_3^{2-},PO_4^{3-} 都与 Ag^+ 形成浅色沉淀,如有黑色沉淀,则它们有可能被掩盖。离心分离,在沉淀中加入 6.0 mol/L HNO_3 溶液,必要时加热。若沉淀不溶解或只发生部分溶解,则表示可能有 Cl^-,Br^-,I^- 存在。

④氧化性阴离子检验。取几滴未知溶液,用稀 H_2SO_4 溶液酸化,加 5~6 滴 CCl_4,再加入几滴 0.1 mol/L KI 溶液。振荡后,CCl_4 层呈紫色,说明有 NO_2^- 存在(若溶液中有

SO_3^{2-} 等，则酸化后 NO_2^- 先与它们反应而不一定氧化 I^-，因此 CCl_4 层无紫色不能说明无 NO_2^-)。

⑤还原性阴离子检验。取几滴未知试液，用稀 H_2SO_4 溶液酸化，然后加入 1～2 滴 0.1 mol/L $KMnO_4$ 溶液。若 $KMnO_4$ 的紫红色褪去，表示可能存在 SO_3^{2-}，$S_2O_3^{2-}$ 等。

根据①～⑤实验结果，判断有哪些离子可能存在，写出有关离子方程式。

(2)确证性实验

根据初步实验结果，对可能存在的阴离子进行确证性实验。

3.选做实验

(1)Cl^-，Br^-，I^- 混合溶液的分离和鉴定。取混合溶液 3～5 滴，加入 1～2 滴 6.0 mol/L HNO_3 溶液酸化，再加入 0.1 mol/L $AgNO_3$ 溶液至沉淀完全，在水浴上加热 1～2 min，离心分离，弃去上清液，沉淀用水洗两次。在沉淀中加入 12% $(NH_4)_2CO_3$ 溶液 10～15 滴，充分搅拌并温热 1 min，此时 AgCl 转化为$[Ag(NH_3)_2]^+$而溶解，AgBr 和 AgI 则仍为沉淀。离心分离，取上清液鉴定 Cl^-(用6.0 mol/L HNO_3 溶液酸化，如有白色 AgCl 沉淀生成，表示有 Cl^-)，沉淀用水洗二次，弃去上清液，在沉淀中加 10 滴水和少量锌粉，再加入 2～3 滴 2.0 mol/L H_2SO_4 溶液，充分搅拌(此时 AgBr 和 AgI 被 Zn 置换出 Ag；而 Br^-，I^- 则进入溶液)，离心分离，取出上清液，按前述 Br^-，I^- 的鉴定方法鉴定出 Br^-，I^-。

(2)4 个无标签的试剂瓶中分别盛有 Na_2S 溶液，Na_2SO_3 溶液，$Na_2S_2O_3$ 溶液和 Na_2SO_4 溶液，试设法把它们鉴别出来。

22.5 问题与讨论

1.离子鉴定反应具有哪些特点？

2.使离子鉴定反应正常进行的主要条件有哪些？

3.某阴离子未知溶液经初步实验结果如下，试指出哪些离子肯定不存在，哪些离子肯定存在，哪些离子可能存在。

(1)酸化时无气体生成；

(2)加入 $BaCl_2$ 溶液时有白色沉淀析出，再加 HCl 溶液沉淀又溶解；

(3)加入 $AgNO_3$ 溶液有黄色沉淀析出，再加 HNO_3 溶液发生部分沉淀溶解；

(4)溶液能使 $KMnO_4$ 溶液紫色褪去，但与 KI(碘)-淀粉试液无反应。

实验 23 从含银废液中提取银

23.1 实验目的

1.了解水合肼还原法从含银废液中回收银的原理和操作方法；

2. 进一步理解沉淀平衡与配位平衡的转化关系。

23.2 实验原理

在定量分析实验的银量法滴定中，要使用 $AgNO_3$ 标准溶液，在其滴定废液中，含有大量的金属银，主要存在形式有 Ag^+，AgCl，Ag_2CrO_4 等。银是贵金属之一，如果对含银废液不进行处理而直接向环境排放,会给环境造成污染,严重危害人体健康。例如,银盐被人摄入后,会在皮肤、眼睛及黏膜沉积,使这些部位产生永久性色变,若饮食中含有可溶性银盐,会有呕吐、强烈胃痛、出血性胃炎等症状。因此,回收含银废液中的银,定期集中处理或制备常用试剂硝酸银是非常有意义的。本实验采用水合肼还原法提取银,其原理是:

用 NaCl 溶液将溶液中的 Ag^+ 和 Ag_2CrO_4 转化为 AgCl 沉淀。

$$Ag^+ + Cl^- \longrightarrow AgCl\downarrow$$

$$Ag_2CrO_4 + 2Cl^- \longrightarrow 2AgCl\downarrow + CrO_4^{2-}$$

过滤溶液,分离出 AgCl。再用过量浓氨水使 AgCl 溶解,生成$[Ag(NH_3)_2]^+$,与其他不溶物分离。

$$AgCl(s) + 2NH_3 \longrightarrow [Ag(NH_3)_2]^+ + Cl^-$$

向$[Ag(NH_3)_2]^+$溶液中加入 NaOH 溶液,调节 pH 大于 9,再加入水合肼($N_2H_4 \cdot H_2O$)还原$[Ag(NH_3)_2]^+$为 Ag。

$$4[Ag(NH_3)_2]^+ + N_2H_4 + 4OH^- \longrightarrow 4Ag\downarrow + N_2\uparrow + 8NH_3 + 4H_2O$$

23.3 仪器与试剂及材料

1.仪器

托盘天平(1 台),抽滤装置(1 套),电动搅拌器(1 台),恒温水槽(1 台),烧杯(250 mL,1 个;500 mL,2 个),量筒(100 mL,1 个),恒温干燥箱(1 台)。

2.试剂及材料

NaCl(饱和溶液),NaOH 溶液(30%),氨水(1∶1),水合肼(≥80%),pH 试纸,含银废液。

23.4 实验内容

1.除去 CrO_4^{2-} 等杂质

取 50 g 实验室含银废液,放入 250 mL 烧杯中,搅拌下加入 60 mL NaCl 饱和溶液,至溶液完全转变为白色后,抽滤,并用蒸馏水洗涤,得到白色 AgCl 沉淀。

2.除去不溶于氨水的杂质

将上面所得的白色沉淀放入到 500 mL 烧杯中,加入 300 mL 1∶1 氨水,搅拌使 AgCl 全部溶解,转化为$[Ag(NH_3)_2]^+$,抽滤,弃去沉淀。

3.将$[Ag(NH_3)_2]^+$转化为 Ag

将上面所得的滤液移入到 500 mL 烧杯中,加入 NaOH 溶液至 pH 大于 9,在搅拌条件下缓慢加入 60 mL 水合肼,再搅拌 40 min。过滤,洗涤,得到 Ag。

将洗涤好的银粉移入表面皿中,放入恒温干燥箱干燥后,称量产量。

23.5 问题与讨论

1. 计算溶解度,说明为什么 Ag_2CrO_4 沉淀可以转化为 AgCl 沉淀?

2. 什么是配位效应?同离子效应?并以此说明为什么饱和 NaCl 溶液只过量 2～4 倍,而不宜过少或过多加入?

3. 说明抽滤装置各部分的名称及其安装与使用方法。

4. 使用氨水时应注意哪些问题?

5. 使用 NaOH 溶液应注意哪些问题?

三、生活趣味性实验

实验 24 亚硝酸钠与食盐的简易鉴别

24.1 实验目的

了解氯化钠与亚硝酸钠理化性质的差别，能简易鉴别这两种物质。

24.2 实验原理

亚硝酸钠($NaNO_2$)为白色至淡黄色粉末或颗粒，味微咸，易溶于水，在工业、建筑业中广为使用，肉类制品中也允许作为发色剂限量使用。由于其外观及味道都与食盐相似，因此误食 $NaNO_2$ 引起食物中毒的概率较高。$NaNO_2$ 是强致癌物质，人摄入 0.3～0.5 g 即可引起中毒甚至死亡。因此学会简易鉴别这两种物质是非常必要的。

$NaNO_2$和 NaCl 可从外观比较和化学性质差别上来简易鉴别，见表 24-1。

表 24-1　　$NaNO_2$和 NaCl 性质比较

性　质	$NaNO_2$	NaCl
外观	白色至微黄色斜方晶体	白色立方晶体
熔点/℃	271	801
溶液酸碱性	弱碱性	中性
淀粉 KI 溶液(酸性)	溶液变蓝色	无变化

$NaNO_2$ 中 N 的氧化数为＋3，为中间氧化态，因此既有氧化性又有还原性。这是 $NaNO_2$和 NaCl 化学性质的主要差别。

24.3 仪器与试剂及材料

1. 仪器

无机化学实验常用仪器(1 套)。

2. 试剂及材料

$NaNO_2$(固)，NaCl(固)，淀粉 KI 溶液，pH 试纸，HCl 溶液(0.1 mol/L)。

24.4 实验内容

1.物理性质比较

(1)用药匙各取少量 $NaNO_2$ 与 NaCl 固体，比较颜色差异。

(2)各取少量(绿豆粒大小)$NaNO_2$ 与 NaCl 固体，放在石棉网上，用酒精灯加热，观察，能发生分解的固体为 $NaNO_2$。写出化学反应方程式。

2.化学性质比较

(1)各取少量(绿豆粒大小)$NaNO_2$ 与 NaCl 固体，分别放入试管中，加入 2 mL 蒸馏水，振荡，尽可能使其溶解；然后分别用玻璃棒蘸取这两种液体，用 pH 试纸检验溶液的酸碱性。

(2)往上述两个试管中,依次滴加 2 滴 0.1 mol/L HCl 溶液和 5 滴淀粉 KI 溶液,观察溶液颜色差别。写出化学反应方程式。

24.5 问题与讨论

1.查阅资料,比较 $NaNO_2$ 和 NaCl 的物理性质差异。

2.查电对 I_2/I^- 与 HNO_2/NO 的电极电势,比较氧化还原性。

3.为什么 $NaNO_2$ 显碱性?写出解离方程式。

4.完成化学反应方程式 $2I^- + 2HNO_2 + 2H^+ \longrightarrow$

实验 25 消字灵的配制

25.1 实验目的

1.了解 NaClO 氧化作用的应用,学会一种"消字灵"的制备方法;

2.熟练溶解、搅拌和常压过滤操作。

25.2 实验原理

日常写作时常出现一些写错或需要修改的地方,涂涂改改会显得文章很凌乱。当不想把修改痕迹留在原稿上时,用"消字灵"将需要修改的字迹消除是最理想的方法。"消字灵"就是学生普遍使用的"魔笔"内的药液。

漂白粉是 $Ca(ClO)_2 \cdot 2H_2O$ 和 $CaCl_2 \cdot Ca(OH)_2 \cdot 2H_2O$ 的混合物,其有效成分是 $Ca(ClO)_2$。当其与 Na_2CO_3 混合时,发生反应

$$Ca(ClO)_2 + Na_2CO_3 \longrightarrow CaCO_3 \downarrow + 2NaClO$$

由于 NaClO 是强氧化剂,能与蓝墨水中的有机色素作用而使其褪色,因此"消字灵"溶液具有消字作用。

25.3 仪器与试剂及材料

1. 仪器

烧杯(100 mL,250 mL,各 1 个),托盘天平(1 台),漏斗(1 个),漏斗架(1 个)。

2. 试剂及材料

漂白粉(固),Na_2CO_3(固),滤纸。

25.4 实验内容

称取 10 g 漂白粉放在烧杯里,加入 120 mL 水,用玻璃棒搅拌均匀。再称取 10 g Na_2CO_3 倒入另一个烧杯里,加入 40 mL 水,搅拌溶解。将 Na_2CO_3 溶液倒入漂白粉溶液中,再用玻璃棒搅匀。待溶液澄清后过滤,所得溶液即为"消字灵"。将"消字灵"溶液盛放在棕色试剂瓶中。

25.5 问题与讨论

1.用玻璃棒搅拌应如何操作?

2.常压过滤的操作要领是什么？滤纸应如何折叠？

3.为什么要将“消字灵”溶液盛放在棕色试剂瓶中？

4.另一种制备“消字灵”的方法是：将浓盐酸和高锰酸钾反应，生成氯气，然后把生成的氯气通入氢氧化钠溶液中。试写出有关化学反应方程式。

实验 26 从海带中提取单质碘

26.1 实验目的

1.掌握从海带中提取单质碘的原理与方法，学会升华的操作；

2.掌握溶解、减压过滤、蒸发等基本操作。

26.2 实验原理

海带中含有大量碘，其主要以碱金属、碱土金属碘化物形式存在。I^- 具有比较明显的还原性，因此可用重铬酸钾氧化，使 I^- 转变为 I_2 而从海带中提取出来。

碱金属、碱土金属碘化物具有受热不分解及溶于水的性质，因此制备时可先高温灼烧干燥的海带使之灰化，再溶解、过滤出杂质。然后调节滤液 pH 至呈微酸性，将溶液蒸干。最后使干燥的碘化物与重铬酸钾固体共热，单质碘(I_2)即被游离出来，并被升华为碘蒸气。碘蒸气遇冷即生成紫黑色的碘晶体，从而得到较纯的单质碘。

$$6NaI + K_2Cr_2O_7 + 7H_2SO_4 \xrightarrow{\triangle} Cr_2(SO_4)_3 + 3Na_2SO_4 + K_2SO_4 + 3I_2 + 7H_2O$$

26.3 仪器与试剂及材料

1.仪器

铁皿(1 个)，烧杯(250 mL，1 个)，量筒(50 mL，1 个)，托盘天平(1 台)，酒精灯(1 个)，铁架台(1 个)，蒸发皿(1 个)，支管烧瓶(250 mL，1 个)，抽滤装置(1 套)，称量瓶(1 个)，石棉网(1 个)。

2. 试剂及材料

$K_2Cr_2O_7$(CP，固)，干海带，H_2SO_4 溶液(2 mol/L)，滤纸，pH 试纸。

26.4 实验内容

1.海带的灰化

用托盘天平称取 30 g 干燥的海带(市售干海带可先蒸 20 min，再水洗晒干备用)，剪碎，放在铁皿中用煤气喷灯(或酒精喷灯)灼烧，直至使其完全灰化为止。

2.浸取

将海带灰倒入烧杯中，依次加入 40 mL、20 mL、10 mL 蒸馏水熬煮至微沸腾。每次熬煮 8～10 min，然后倾泻上清液，抽滤。将三次滤液合并在一起，总体积不应超过 30 mL。

3.酸化浸取液

用 2 mol/L H_2SO_4 溶液酸化滤液，至滤液呈微酸性(海带灰里含有碳酸钾，酸化使其呈中性或微酸性，对下一步氧化析出碘有利；但酸不能多加，否则易使碘化物氧化成单质碘而造成损失)。

4.氧化

将酸化后的滤液先在蒸发皿中蒸干,尽量烧干,再加入 2 g $K_2Cr_2O_7$ 固体,混合均匀。

5.碘的分离、纯化

按图 26-1 所示安装碘升华装置;再将上述混合物放入干燥的烧杯中,将装有水冷却的支管烧瓶放在烧杯口上(为防止碘溶解,通水冷却时要保持适宜冷却速度,以保证支管烧瓶外面不出现冷凝水)。

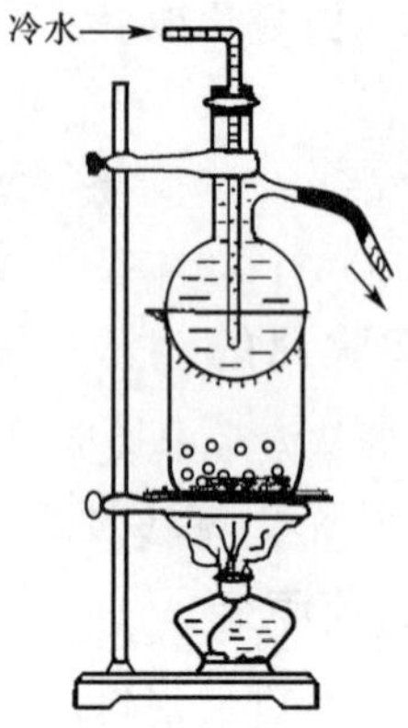

图 26-1 碘升华装置

加热烧杯,使碘升华,则碘在支管烧瓶底部凝聚。当再没有紫色碘蒸气生成时,停止加热。取下支管烧瓶,将瓶底凝聚的固体碘刮到小称量瓶中,称量。计算海带中碘的含量。最后将所得的单质碘回收在棕色试剂瓶内。

26.5 问题与讨论

1.制备单质碘的原理是什么?写出化学反应方程式。

2.为什么酸化浸取液时,硫酸不宜过多?

3.如何进行升华操作?如何控制冷却速度?

4.如何计算海带中碘的含量?

实验 27 水果电池

27.1 实验目的

了解原电池的组成,会用电流计测定电流。

27.2 实验原理

猕猴桃汁具有酸性,当平行插入活动顺序不同的铜片和铝片时,可形成原电池。

该实验还可用苹果、柠檬、西红柿、土豆等代替猕猴桃来制作电池;检测电流时,也可将电池的两极连接在耳机上,根据有无声音判断是否产生电流;如果将多个水果电池串联起来,产生的电流可以点亮一个发光二极管。

27.3 仪器与材料

1.仪器

灵敏电流计(1 台)。

2.材料

导线(带有夹子,4 根),猕猴桃(1 个),铜片(1 片),铝片(1 片),砂纸(1 张)。

27.4 实验内容

1.金属片的准备

取铜片、铝片各 1 片,用砂纸打磨光滑。

2.水果电池的组装

取 1 个猕猴桃，按图 27-1 所示的方法安装，即为水果电池。

3.检测电流

闭合开关，观察灵敏电流计的指针是否偏转，若偏转即证明有电流通过。

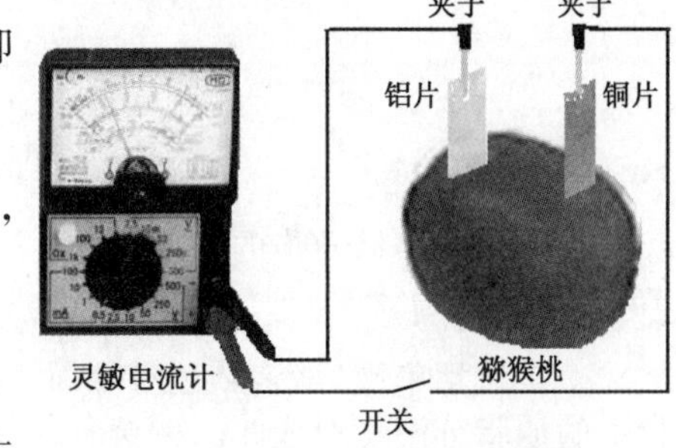

图 27-1 水果电池

27.5 问题与讨论

1.什么是原电池？原电池的工作原理是什么？

2.如果两个金属片均为铜片或铝片，能否产生电流？

3.原电池的正极发生什么反应？负极发生什么反应？

4.原电池是由哪几部分组成的？

实验 28 氯化铵的妙用——防火布

28.1 实验目的

1.掌握 NH_4Cl 的化学性质，学会一种制备阻燃材料（防火布）的方法；

2.熟练称量、量取、搅拌等操作。

28.2 实验原理

普通的棉布浸在氯化铵饱和溶液中，取出晾干后可作为“防火布”。原因是经过这种化学处理的棉布（防火布）的表面附满了 NH_4Cl 晶体颗粒，由非氧化性酸形成的铵盐 NH_4Cl 遇热会分解出不能燃烧的氨气和氯化氢气体。

$$NH_4Cl(s) \xrightarrow{\triangle} NH_3(g) + HCl(g)$$

氨气和氯化氢气体将棉布与空气隔绝，使其不能燃烧。同时，它们又在空气中相遇，重新化合成氯化铵小晶体，这些小晶体分布在空气中，形成白烟。戏院里的舞台布景、舰艇上的木料等都经常用氯化铵处理，以达到防火的目的。

28.3 仪器与试剂及材料

1.仪器

烧杯（250 mL，1 个），托盘天平（1 台），量筒（50 mL，1 个），酒精灯（1 个）。

2.试剂及材料

NH_4Cl（固），棉布（1 块）。

28.4 实验内容

1.“防火布”的制备

称量 NH_4Cl 固体 25 g，量取蒸馏水 50 mL，依次放入 250 mL 烧杯中，搅拌，制成饱和溶液。然后，将一块棉布浸入溶液中，均匀润湿，取出后晾干即可。

2.燃烧试验

取出干燥的“防火布”，分别用火柴、酒精灯点燃，观察现象。解释原因，写出有关化学反应方程式。

28.5 问题与讨论

1.查一查铵盐的热稳定性规律，写出有关化学反应方程式。

2.如何使用托盘天平、量筒、酒精灯？

实验 29　指纹检查

29.1　实验目的

了解单质碘易升华的性质,学会一种检查指纹的方法。

29.2　实验原理

碘是卤素单质,是紫黑色有金属光泽的晶体,受热时会升华变成碘蒸气。指纹是由手指上的油脂分泌物形成的。碘蒸气能溶解油脂等分泌物,因而可形成棕色指纹印迹。

该法适于检查浅色纸张、塑料、竹制品、木制品及白墙上的指纹。

29.3　仪器与材料

1.仪器

试管(1 支),橡胶塞(1 个),药匙(1 个),酒精灯(1 个),剪刀(1 把)。

2.试剂及材料

I_2(固),白纸(1 张)。

29.4　实验内容

1.取一张干净、光滑的白纸,剪成长约 4 cm、宽不超过试管直径的纸条,用手指在纸条上用力摁几个指印。

2.用药匙取芝麻粒大的 1 粒单质碘,放入试管中。将纸条悬于试管中(注意摁有指印的一面不要贴在管壁上),塞上橡胶塞。

3.将装有碘的试管在酒精灯火焰上方微热一下,待生成碘蒸气后立即停止加热,观察纸条上的指纹印迹。

注意:实验时要盖紧胶塞,防止有毒的碘蒸气逸出,实验后应迅速冲洗试管或在室外打开试管,以防污染室内空气。

29.5　问题与讨论

1.查一查卤素单质的物理性质,比较常温下其状态、颜色的差异。

2.碘蒸气有毒,实验中有什么注意事项?

实验 30　铝器表面刻字

30.1　实验目的

了解单质铝的化学性质,进一步理解金属活动顺序表的应用。

30.2　实验原理

铝是Ⅲ A 族元素,其原子的价电子构型为 $3s^23p^1$,是活泼的金属元素。当与 $CuSO_4$ 和 $FeCl_3$ 混合溶液相遇时,能将 Cu 和 Fe 置换出来。换言之,$CuSO_4$ 和 $FeCl_3$ 混合溶液具有腐蚀铝的作用,因此能在铝器表面刻字。

$$2Al + 3CuSO_4 \longrightarrow Al_2(SO_4)_3 + 3Cu$$

$$Al + FeCl_3 \longrightarrow AlCl_3 + Fe$$

30.3　仪器与试剂及材料

1.仪器

烧杯(250 mL,1 个),托盘天平(1 台),毛笔(1 支),板刷(1 个)。

2.试剂及材料

$CuSO_4$(固),$FeCl_3$(固),铝片(1片),砂纸(1张),棉球,油漆,汽油。

30.4 实验内容

1.配制腐蚀液

分别称量 30 g $CuSO_4$ 和 50 g $FeCl_3$,放入 250 mL 烧杯中,再加入 150 mL 水,搅拌制成溶液,此溶液能腐蚀铝。

2.铝器表面处理

将要刻字的地方用砂纸细心擦净,用毛笔蘸油漆写好字,阴干后在字迹笔画周围滴稀盐酸并用蘸稀盐酸的棉球轻涂,稍待片刻,用干净的布拭去盐酸,擦净表面。

3.铝器表面刻字

用毛笔蘸取腐蚀液涂在油漆写的字迹及其周围,稍待片刻,用水洗去,再涂一次或多次。最后用清水洗去腐蚀液,用棉花蘸汽油擦去油漆字迹,这时便会看到铝器表面出现稍微凸起的字迹。

30.5 问题与讨论

1.查一查下列电对的电极电势,并找出最强的氧化剂和还原剂:

(1)Cu^{2+}/Cu　(2)Fe^{3+}/Fe　(3)Al^{3+}/Al

2.分别写出 Al 与 $CuSO_4$ 溶液和 $FeCl_3$ 溶液反应的化学反应方程式。

实验 31　铜变"银"、"银"变"金"

31.1 实验目的

1.了解形成原电池的原理和条件,会写出电极反应方程式;

2.掌握加热技术,能进行液体加热操作。

31.2 实验原理

Zn 具有两性,Zn 粉与热的 NaOH 溶液混合,可发生如下反应

$$Zn + 2NaOH \longrightarrow Na_2ZnO_2 + H_2\uparrow$$

在温热的强碱性溶液里,过量的 Zn 粉、Cu 片及锌酸钠(Na_2ZnO_2)溶液能形成原电池,Zn 粉为原电池的负极,Cu 片为原电池的正极,电极反应如下

负极(Zn 粉)　$Zn + 4OH^- - 2e^- \longrightarrow ZnO_2^{2-} + 2H_2O$

正极(Cu 片)　$ZnO_2^{2-} + 2H_2O + 2e^- \longrightarrow Zn + 4OH^-$

Zn 在 Cu 片上不断析出,从而使紫红色的 Cu 片上镀上一层银白色的 Zn,均匀、稳定,外表很像一层银白色的银,使铜片变成了"银"片。

加热上述镀 Zn 的 Cu 片,Cu、Zn 原子运动加快,相互扩散,当大约 30%的 Cu 原子被 Zn 原子取代时,就形成了铜锌合金——黄铜,呈现出金光闪闪的颜色,很像黄金,使"银"片变为"金"片。

Zn 和 Cu 的合金称为黄铜,黄铜的颜色伴随 Zn 的质量分数不同而逐渐变化,见表 31-1。

表 31-1　黄铜颜色随含 Zn 量变化表

Zn 的质量分数/%	3	10	18～20	20～30	30～42	50	60
黄铜的颜色	红色	黄色	红黄	棕黄	淡黄	金黄	银白

31.3 仪器与试剂及材料

1.仪器

酒精灯(1个),量筒(50 mL,1个),烧杯(100 mL,3个),镊子(1个),三脚架(1个),石棉网(1片),药匙(1个)。

2.试剂及材料

Zn(粉末),NaOH 溶液(3 mol/L),Cu 片(或 Cu 丝),砂纸(1张),干布。

31.4 实验内容

1.铜变“银”

(1)制备含过量的 Zn 粉的强碱性溶液

在100 mL 小烧杯中,依次加入一药匙(约3 g)Zn 粉、20 mL 3 mol/L NaOH 溶液,先用玻璃棒搅拌至均匀,再用酒精灯加热溶液至接近沸点。

注意: NaOH 溶液有一定腐蚀性。在加热过程中,有气泡生成时,应立即停止加热,以免溶液溅出造成伤害。

(2)铜变“银”

撤去酒精灯,待混合液稍冷后,用镊子(或坩埚钳)夹持一块洁净的 Cu 片(事先用砂纸打磨光亮)浸入上述热溶液中,使 Cu 片与过量的 Zn 粉直接接触。片刻(2～3 min)后,可见 Cu 片慢慢变为银白色。

待 Cu 片表面全部变为银白色后,取出并将其置于一个盛有水的烧杯中洗净、擦干,则 Cu 片变成了“银”片。

2.“银”变“金”

用镊子(或坩埚钳)夹持“银”片的边缘,在酒精灯的火焰上加热,可以观察到“银”片由银白色逐渐变为黄色,快速离开火焰,并将其置于一个盛水的烧杯中冷却,以防止颜色进一步变化。

将金属片洗净后取出,用干布擦净,则“银”片就变成光亮的“金”片了。

31.5 问题与讨论

1.比较 Zn 与 Cu 在金属活动顺序表中的活动顺序。

2.原电池由几部分构成,正极、负极分别发生什么反应?

3.如何进行液体加热?

4.使用 NaOH 溶液时,应注意什么?

实验32 奇妙的化学振荡反应

32.1 实验目的

1.了解化学振荡反应原理,会写化学反应方程式;

2.理解浓度对化学反应速率的影响,能说明其影响规律。

32.2 实验原理

过氧化氢(H_2O_2)既有氧化性,又有还原性。

在酸性介质中,H_2O_2 可作为还原剂,将碘酸根(IO_3^-)还原为单质 I_2,反应方程式如下:

$$2KIO_3+5H_2O_2+H_2SO_4 \longrightarrow I_2+K_2SO_4+6H_2O+5O_2\uparrow$$

而单质 I_2 能使淀粉溶液呈现蓝色。

在一定的条件下,H_2O_2 又可作为氧化剂,使 I_2 单质氧化为 IO_3^-,使上述蓝色溶液的颜色褪去，反应方程式如下：

$$I_2+5H_2O_2+K_2SO_4 \longrightarrow 2KIO_3+4H_2O+H_2SO_4$$

反应生成的 IO_3^- 将继续被 H_2O_2 还原，生成的 I_2 单质会再次使淀粉溶液呈现蓝色。如此反复，则溶液的颜色将呈现周期性变化，直至 H_2O_2 完全分解。

丙二酸[$CH_2(COOH)_2$]的加入可以使 I_2 以 I_3^- 的形式"贮存"起来，增大了 I_2 的溶解度，这样既能延长变色时间周期，又能增加反应的循环次数。

$$I_2+CH_2(COOH)_2 \xrightarrow{Mn^{2+}} CHI(COOH)_2+I^-+H^+$$

$$I_2+CHI(COOH)_2 \xrightarrow{Mn^{2+}} CI_2(COOH)_2+I^-+H^+$$

$$I^-+I_2 \rightleftharpoons I_3^-$$

32.3　仪器与试剂

1.仪器

量筒(50 mL，3 个；10 mL，1 个)，烧杯(100 mL，1 个；250 mL，4 个)，镊子(1 个)，三脚架(1 个)，石棉网(1 个)，药匙(1 个)。

2.试剂及材料

H_2O_2 溶液(30%)，KIO_3(CP，固)，H_2SO_4 溶液(2 mol/L)，淀粉(固)，$MnSO_4$(CP，固)，$CH_2(COOH)_2$(CP，固)。

32.4　实验内容

1.配制溶液

(1)A 溶液的配制

量取 102.5 mL 30% H_2O_2 溶液，置于 250 mL 烧杯中，加水稀释至 250mL。

(2)B 溶液的配制

称取 10.7g KIO_3，置于 250 mL 烧杯中，加入 70～80 mL 蒸馏水，加热使其溶解。待溶液冷却后，再缓慢加入 10 mL 2 mol/L H_2SO_4 溶液，加水稀释至 250 mL。

(2)C 溶液的配制

称取 0.075 g 淀粉，置于小烧杯中，加少量水调成糊状，倾入盛有 50mL 沸水的烧杯中，然后加入 3.9 g 丙二酸和 0.845 g $MnSO_4$，加水稀释至 250 mL。

注意：丙二酸具有腐蚀性、刺激性，对眼睛、皮肤、黏膜和上呼吸道有刺激作用，因此要小心使用，并避免与皮肤接触。

2.量取溶液

用 3 支量筒分别量取 A、B、C 三种溶液各 50 mL。

3.振荡反应实验

先将 A 溶液倒入洁净的 250 mL 烧杯中，然后将 B、C 溶液同时加入其中，用玻璃棒略搅拌后静置。观察溶液颜色的变化，会发现溶液逐渐由无色变为琥珀色，几秒后又变为蓝色。之后，又依次变为琥珀色、蓝色。如此往复周期性变化，直至颜色不再变化为止。

32.5　问题与讨论

1.由氧化数入手，解释 H_2O_2 既有氧化性又有还原性的原因。

2.反应物溶液浓度是如何影响反应速度的？为什么伴随 H_2O_2 浓度的降低，实验中溶液颜色变化的时间会有所增加？

3.使用硫酸溶液时应注意什么？

4.对具有腐蚀性的药品丙二酸，应如何称量？

参考文献

1.高职高专化学教材编写组.无机化学实验.5 版.北京:高等教育出版社,2020.

2.李朴,古国榜.无机化学实验.4 版.北京:化学工业出版社,2015.

3.王宝仁,无机化学.4 版.北京:化学工业出版社,2022.

4.张荣主,无机化学实验.北京:化学工业出版社,2006.

5.师兆忠,王方林.基础化学实验.北京:化学工业出版社,2006.

6.胡伟光,张文英.定量分析化学实验.4 版.北京:化学工业出版社,2020.

7.辛述元,王萍.无机及分析化学实验.3 版.北京:化学工业出版社,2016.

8.黄一石,黄一波,乔子荣.定量分析化学.4 版.北京:化学工业出版社,2020.

9.张桂珍,于邵梅,张燕明.无机化学实验.北京:化学工业出版社,2006.

10.陈三平,崔斌.基础化学实验Ⅰ(无机化学与分析化学实验).北京:科学出版社,2011.

11.吴之传.工科化学实验.北京:化学工业出版社,2012.

12.唐树戈,王耀晶.普通化学实验.2 版.北京:科学出版社,2010.

附录一　相对原子质量表

元素符号	名　称	原子序数	相对原子质量	元素符号	名　称	原子序数	相对原子质量
Ac	锕	89	227.0278	N	氮	7	14.0067(2)
Ag	银	47	107.8682(2)	Na	钠	11	22.989770(2)
Al	铝	13	26.981538(2)	Nb	铌	41	92.90638(2)
Ar	氩	18	39.948(1)	Nd	钕	60	144.24(3)
As	砷	33	74.92160(2)	Ne	氖	10	20.1797(6)
Au	金	79	196.96655(2)	Ni	镍	28	58.6934(2)
B	硼	5	10.811(7)	Np	镎	93	237.05
Ba	钡	56	137.327(7)	O	氧	8	15.9994(3)
Be	铍	4	9.012182(3)	Os	锇	76	190.23(3)
Bi	铋	83	208.98038(2)	P	磷	15	30.973761(2)
Br	溴	35	79.904(1)	Pa	镤	91	231.03588(2)
C	碳	6	12.0107(8)	Pb	铅	82	207.2(1)
Ca	钙	20	40.078(4)	Pd	钯	46	106.42(1)
Cd	镉	48	112.411(8)	Pr	镨	59	140.90765(2)
Ce	铈	58	140.116(1)	Pt	铂	78	195.078(2)
Cl	氯	17	35.4527(9)	Ra	镭	88	226.03
Co	钴	27	58.933200(9)	Rb	铷	37	85.4678(3)
Cr	铬	24	51.9961(6)	Re	铼	75	186.207(1)
Cs	铯	55	132.90545(2)	Rh	铑	45	102.90550(2)
Cu	铜	29	63.546(3)	Ru	钌	44	101.07(2)
Dy	镝	66	162.500(1)	S	硫	16	32.065(5)
Er	铒	68	167.269(3)	Sb	锑	51	121.760(1)
Eu	铕	63	151.964(1)	Sc	钪	21	44.955910(8)
F	氟	9	18.9984032(5)	Se	硒	34	78.96(3)
Fe	铁	26	55.845(2)	Si	硅	14	28.0855(3)
Ga	镓	31	69.723(1)	Sm	钐	62	150.36(3)
Gd	钆	64	157.25(3)	Sn	锡	50	118.710(7)
Ge	锗	32	72.64(1)	Sr	锶	38	87.62(1)
H	氢	1	1.00794(7)	Ta	钽	73	180.9479(1)
He	氦	2	4.002602(2)	Tb	铽	65	158.92534(2)
Hf	铪	72	178.49(2)	Te	碲	52	127.60(3)
Hg	汞	80	200.59(2)	Th	钍	90	232.0381(1)
Ho	钬	67	164.93032(2)	Ti	钛	22	47.867(1)
I	碘	53	126.90447(3)	Tl	铊	81	204.3833(2)
In	铟	49	114.818(3)	Tm	铥	69	168.93421(2)
Ir	铱	77	192.217(3)	U	铀	92	238.02891(3)
K	钾	19	39.0983(1)	V	钒	23	50.9415
Kr	氪	36	83.898(2)	W	钨	74	183.84(1)
La	镧	57	138.9055(2)	Xe	氙	54	131.293(6)
Li	锂	3	6.941(2)	Y	钇	39	88.90585(2)
Lu	镥	71	174.967(1)	Yb	镱	70	173.04(3)
Mg	镁	12	24.3050(6)	Zn	锌	30	65.409(4)
Mn	锰	25	54.938049(9)	Zr	锆	40	91.224(2)
Mo	钼	42	95.94(2)				

附录二 常用的无机干燥剂

干燥剂	类 别	用 途	注意事项
浓 H_2SO_4	强酸性干燥剂	干燥 N_2,O_2,Cl_2,H_2,CO,CO_2,SO_2, HCl, NO, NO_2, CH_4,C_2H_4,C_2H_2 等气体	浓硫酸有强氧化性和酸性,不能干燥有还原性或有碱性的气体
P_2O_5	酸性干燥剂	干燥 H_2S,HBr,HI 及其他酸性、中性气体	无强氧化性,但有酸性,可以干燥有还原性、无碱性的气体
无水 $CaCl_2$	中性干燥剂	干燥 H_2,O_2,N_2,CO,CO_2,SO_2,HCl,CH_4,H_2S 等气体	不能干燥 NH_3(因它可与 NH_3 形成八氨合物,使被干燥的 NH_3 大量损失)
生石灰(CaO),氢氧化钠(NaOH)	碱性干燥剂	NH_3 等气体	不能干燥有酸性的气体
硅胶(Na_2SiO_3)	碱性干燥剂	可干燥 NH_3、O_2、N_2 等气体及液体脱水或用于干燥器中	吸水后变红。失效的硅胶经烘干再生后可继续使用,但不适用于干燥 HF

附录三 常见离子和化合物的颜色

一、常见离子的颜色

1.在溶液中无色的离子

Na^+,K^+,NH_4^+,Ag^+,Mg^{2+},Ca^{2+},Ba^{2+},Sn^{2+},Sn^{4+},Pb^{2+},Zn^{2+},Cd^{2+},Hg^{2+},Hg_2^{2+},Sr^{2+},Al^{3+},Bi^{3+},SO_4^{2-},SO_3^{2-},Cl^-,NO_2^-,$S_2O_3^{2-}$,NO_2^-,I^-,CO_3^{2-},Ac^-,Br^-,PO_4^{3-},S^{2-},ClO_3^-,SCN^-,SiO_3^{2-}。

2.在溶液中有色的离子

离 子	颜 色	离 子	颜 色	离 子	颜 色
Cu^{2+}	淡蓝色	Mn^{2+}	浅粉红色,稀溶液无色	Ni^{2+}	绿色
Co^{2+}	粉红色	Fe^{2+}	浅绿色,稀溶液无色	I_3^-	浅棕黄色
Cr^{3+}	紫色	CrO_2^-	绿色	CrO_4^{2-}	黄色
$Cr_2O_7^{2-}$	橙红色	MnO_4^{2-}	绿色	MnO_4^-	紫色
$[Cu(NH_3)_4]^{2+}$	深蓝色	$[Cu(H_2O)_4]^{2+}$	浅蓝色	$[CuCl_4]^{2-}$	黄色
$[Cr(NH_3)_6]^{3+}$	黄色	$[Cr(H_2O)_6]^{3+}$	紫色	$[Cr(H_2O)_6]^{2+}$	蓝色
$[Cr(H_2O)_5Cl]^{2+}$	蓝绿色	$[Cr(H_2O)_4Cl_2]^+$	暗绿色	$[FeCl_4]^-$	黄棕色
$[FeCl_6]^{3-}$	黄色	$[Fe(CN)_6]^{4-}$	黄色	$[Fe(CN)_6]^{3-}$	橘黄色
$[Fe(H_2O)_6]^{2+}$	浅绿色	$[Fe(H_2O)_6]^{3+}$	黄色或黄棕色	$[Co(NH_3)_6]^{2+}$	黄色
$[Co(NH_3)_6]^{3+}$	橙黄色	$[Co(CN)_6]^{3-}$	紫色	$[Co(H_2O)_6]^{2+}$	粉红色

二、常见化合物的颜色

1.硫化物

白 色	黑 色	灰黑色	棕黑色	黄 色	橙 色	橙红色	肉 色
ZnS	PbS,CuS,Cu_2S	Ag_2S,SnS	FeS	CdS,SnS_2,As_2S_3	Sb_2S_3	Sb_2S_5	MnS

2.氧化物

白色			黑色			红色或黄色	红色	红棕色
ZnO,As_2O_3,TiO_2,Li_2O,Al_2O_3,碱土金属氧化物			CuO,FeO,Fe_3O_4,MnO_2,VO,V_2O_3,Ni_2O_3			HgO,PbO	Pb_3O_4	V_2O_5,Bi_2O_5
灰绿色	暗绿色	砖红色	深蓝色	棕灰色	棕黑色	黑褐色	绿色	暗红色
CoO	NiO	Fe_2O_3	VO_2	CdO	PbO_2	Hg_2O,Co_2O_3	Cr_2O_3	Cu_2O,CrO_3

3.氢氧化物

白色							
$Mg(OH)_2$,$Fe(OH)_2$,$Mn(OH)_2$,$Pb(OH)_2$,$Sn(OH)_2$,$Sn(OH)_4$,$Bi(OH)_3$,$Sb(OH)_3$,$Cd(OH)_2$							
黄色	浅蓝色	红棕色	浅绿色	黑色	粉红色	棕褐色	蓝灰色
$CuOH$	$Cu(OH)_2$	$Fe(OH)_3$	$Ni(OH)_2$	$Ni(OH)_3$	$Co(OH)_2$	$Co(OH)_3$	$Cr(OH)_3$

4.卤化物

白色	棕黄色	绿色	蓝色	蓝紫色	粉红色	黄色	红色
$PbCl_2$,$CuCl$	$CuCl_2$,$FeCl_3\cdot5H_2O$	$CuCl_2\cdot2H_2O$	$CoCl_2$	$CoCl_2\cdot2H_2O$	$CoCl_2\cdot6H_2O$	PbI_2	HgI_2

5.盐

白色						
Ag_2CO_3,$CdCO_3$,$FeCO_3$,$MnCO_3$,$AgIO_3$,$KClO_4$,$BaSiO_3$,$ZnSiO_3$,$BaSO_3$,$Ag_2S_2O_3$,CaC_2O_4						
蓝色	黄色	砖红色	棕红色	肉色	紫色	深绿色
$CuSiO_3$	$PbCrO_4$,$BaCrO_4$,$CaCrO_4$,Ag_3PO_4	Ag_2CrO_4	$Fe_2(SiO_3)_3$	$MnSiO_3$	$CoSiO_3$	$Cu(SCN)_2$

附录四　常见酸、碱水溶液的质量分数(ω_B/%)与密度[ρ/(g·cm^{-3})]、物质的量浓度[c_B/(mol·L^{-1})]之间的关系

w_B	H_2SO_4		HNO_3		HCl		KOH		$NaOH$		NH_3	
	ρ	c_B	ρ	c_B	ρ	c_B	ρ	c_B	ρ	c_B	ρ	c_B
2	1.013		1.011		1.009		1.016		1.023		0.992	
4	1.027		1.022		1.019		1.033		1.046		0.983	
6	1.040		1.033		1.029		1.048		1.069		0.973	
8	1.055		1.044		1.039		1.065		1.092		0.967	
10	1.069	1.1	1.056	1.7	1.049	2.9	1.082	1.9	1.115	2.8	0.960	5.6
12	1.083		1.068		1.059		1.100		1.137		0.953	
14	1.098		1.080		1.069		1.118		1.159		0.946	
16	1.112		1.093		1.079		1.137		1.181		0.939	
18	1.127		1.106		1.089		1.156		1.213		0.932	
20	1.143	2.3	1.119	3.6	1.100	6.0	1.176	4.2	1.225	6.1	0.926	10.9
22	1.158		1.132		1.110		1.196		1.247		0.919	
24	1.178		1.145		1.121		1.217		1.268		0.913	

（续表）

w_B	H_2SO_4		HNO_3		HCl		KOH		NaOH		NH_3	
	ρ	c_B	ρ	c_B	ρ	c_B	ρ	c_B	ρ	c_B	ρ	c_B
26	1.190		1.158		1.132		1.240		1.289		0.908	
28	1.205		1.171		1.142		1.263		1.310		0.903	
30	1.224	3.7	1.184	5.6	1.152	9.5	1.268	6.8	1.332	10.0	0.898	15.9
32	1.238		1.198		1.163		1.310		1.352		0.893	
34	1.055		1.211		1.173		1.334		1.374		0.889	
36	1.273		1.225		1.183	11.7	1.358		1.395		0.884	18.7
38	1.290		1.238		1.194	12.4	1.384		1.416			
40	1.307	5.3	1.251	7.9			1.411	10.1	1.437	14.4		
42	1.324		1.264				1.437		1.458			
44	1.342		1.277				1.460		1.478			
46	1.361		1.290				1.485		1.499			
48	1.380		1.303				1.511		1.519			
50	1.399	7.1	1.316	10.4			1.538	13.7	1.540	19.3		
52	1.419		1.328				1.564		1.560			
54	1.439		1.340				1.590		1.580			
56	1.460		1.351				1.616	16.1	1.601			
58	1.482		1.362						1.622			
60	1.503	9.2	1.373	13.3					1.643	24.6		
62	1.525		1.384									
64	1.547		1.394									
66	1.571		1.403	14.6								
68	1.594		1.412	15.2								
70	1.617	11.6	1.421	15.8								
72	1.640		1.429									
74	1.664		1.437									
76	1.687		1.445									
78	1.710		1.453									
80	1.732	14.1	1.460	18.5								
82	1.755		1.467									
84	1.766		1.474									
86	1.793		1.480									
88	1.808		1.486									
90	1.819	16.7	1.491	23.1								
92	1.830		1.496									
94	1.837		1.500									
96	1.840		1.504									
98	1.841	18.4	1.510									
100	1.838		1.522	24.0								

注：换算公式为 $c_B=1\,000\rho w_B/M_B$。

附录五 常见阴、阳离子的鉴定

离 子	鉴定方法	条 件
NH_4^+	加 2 mol/L NaOH $\xrightarrow{\triangle}$ 奈斯勒试剂的试纸显红棕色 $NH_4^+ + 2[HgI_4]^{2-} + 4OH^- \longrightarrow \left[O\begin{smallmatrix}Hg\\ \\ Hg\end{smallmatrix}NH_2\right]I\downarrow + 7I^- + 3H_2O$	碱性
	加 2 mol/L NaOH $\xrightarrow{\triangle}$ 湿润的 pH 试纸显蓝色 $NH_4^+ + OH^- \longrightarrow NH_3\uparrow + H_2O$	碱性
K^+	加饱和 $Na_3[Co(NO_2)_6] \longrightarrow$ 黄色沉淀 $2K^+ + Na^+ + [Co(NO_2)_6]^{3-} \longrightarrow K_2Na[Co(NO_2)_6]\downarrow$	中性或微酸性
Na^+	加醋酸铀酰锌$\longrightarrow$黄色沉淀 $Na^+ + Zn^{2+} + 3UO_2^{2+} + 9HAc + 9H_2O \longrightarrow NaZn(UO_2)_3(Ac)_9 \cdot 9H_2O\downarrow + 9H^+$	中性或微酸性
Mg^{2+}	加镁试剂 $\longrightarrow$ 蓝色沉淀 镁试剂 $O_2N-C_6H_4-N{=}N-C_6H_3(OH)_2$ 在碱性条件下呈红色或红紫色，被 $Mg(OH)_2$ 吸附后则呈天蓝色	强碱性
Ca^{2+}	加 0.5 mol/L $(NH_4)_2C_2O_4 \longrightarrow$ 白色沉淀 $Ca^{2+} + C_2O_4^{2-} \longrightarrow CaC_2O_4\downarrow$	中性或碱性
Ba^{2+}	加 0.1 mol/L $K_2CrO_4 \longrightarrow$ 黄色沉淀 $Ba^{2+} + CrO_4^{2-} \longrightarrow BaCrO_4\downarrow$	碱性、中性或弱酸性
	加 1 mol/L $H_2SO_4 \longrightarrow$ 白色沉淀 $Ba^{2+} + SO_4^{2-} \longrightarrow BaSO_4\downarrow$	酸性
Al^{3+}	加铝试剂 $\longrightarrow$ 红色絮状沉淀 金黄色素三羧铵盐（铝试剂）$\xrightarrow{Al/3}$ 红色配合物 溶液用氨水碱化后，得到红色絮状沉淀	弱碱性
Sn^{2+}	加 0.1 mol/L $HgCl_2 \longrightarrow$ 先得白色丝状沉淀，而后白色沉淀转变为黑色沉淀 $SnCl_2 + 2HgCl_2 \longrightarrow Hg_2Cl_2\downarrow + SnCl_4$ $SnCl_2 + Hg_2Cl_2 \longrightarrow 2Hg\downarrow + SnCl_4$	酸性

(续表)

离　子	鉴定方法	条　件
Pb^{2+}	加 0.1 mol/L K_2CrO_4 $\longrightarrow$ 黄色沉淀 $Pb^{2+} + CrO_4^{2+} \longrightarrow PbCrO_4\downarrow$	弱酸性 (HAc)
	加 0.1 mol/L H_2SO_4 $\longrightarrow$ 白色沉淀,滴加 0.1 mol/L Na_2S 变为黑色沉淀 $Pb^{2+} + SO_4^{2-} \longrightarrow PbSO_4\downarrow$ $PbSO_4 + S^{2-} \longrightarrow PbS\downarrow + SO_4^{2-}$	酸性 碱性
Sb^{3+}	试液滴在锡片上,锡片显黑色 $2Sb^{3+} + 3Sn \longrightarrow 2Sb\downarrow + 3Sn^{2+}$	酸性
Bi^{3+}	加 Na_2SnO_2 $\longrightarrow$ 黑色沉淀 $2Bi^{3+} + 3SnO_2^{2-} + 6OH^- \longrightarrow 2Bi\downarrow + 3SnO_3^{2-} + 3H_2O$	强碱性
Mn^{2+}	加 6 mol/L HNO_3、加 $NaBiO_3(s)$ $\longrightarrow$ 溶液呈紫红色 $2Mn^{2+} + 5NaBiO_3 + 14H^+ \longrightarrow 2MnO_4^- + 5Na^+ + 5Bi^{3+} + 7H_2O$	强酸性
Fe^{2+}	加 0.1 mol/L $K_3[Fe(CN)_6]$ $\longrightarrow$ 深蓝色沉淀 $3Fe^{2+} + 2[Fe(CN)_6]^{3-} \longrightarrow Fe_3[Fe(CN)_6]_2\downarrow$	酸性
Fe^{3+}	加 0.1 mol/L KSCN $\longrightarrow$ 血红色 $Fe^{3+} + nSCN^- \longrightarrow [Fe(SCN)_n]^{3-n}$　$(n=1\sim6)$	酸性
	加 0.1 mol/L $K_4[Fe(CN)_6]$ $\longrightarrow$ 深蓝色沉淀 $4Fe^{3+} + 3[Fe(CN)_6]^{4-} \longrightarrow Fe_4[Fe(CN)_6]_3\downarrow$	酸性
Co^{2+}	加 KSCN(s)、加丙酮 $\longrightarrow$ 丙酮层出现蓝色 $Co^{2+} + 4SCN^- \longrightarrow [Co(SCN)_4]^{2-}$	微酸性
Ni^{2+}	加 2 mol/L NH_3、加 1%二乙酰二肟 $\longrightarrow$ 鲜红色沉淀 $Ni^{2+} + 2\begin{matrix}CH_3-C=NOH\\ \vert\\ CH_3-C=NOH\end{matrix} \longrightarrow \begin{matrix} & & O\cdots H-O & & \\ CH_3 & & \uparrow \quad\quad \vert & & CH_3\\ & C=N & & N=C & \\ & \vert & \searrow Ni \swarrow & \vert & \\ & & \nearrow \quad \nwarrow & & \\ & C=N & & N=C & \\ CH_3 & & \vert \quad\quad \downarrow & & CH_3\\ & & O-H\cdots O & & \end{matrix} + 2H^+$	NH_3 溶液
Cu^{2+}	加 0.1 mol/L $K_4[Fe(CN)_6]$ $\longrightarrow$ 红棕色沉淀 $2Cu^{2+} + [Fe(CN)_6]^{4-} \longrightarrow Cu_2[Fe(CN)_6]\downarrow$	中性或酸性
	加 6 mol/L NH_3(过量) $\longrightarrow$ 深蓝色澄清溶液 $Cu^{2+} + 4NH_3 \longrightarrow [Cu(NH_3)_4]^{2+}$	NH_3 溶液

(续表)

离　子	鉴定方法	条　件
Ag^+	加 2 mol/L HCl ⟶ 白色沉淀,沉淀能溶于 6 mol/L NH_3(过量),加 6 mol/L HNO_3,又有白色沉淀析出 $Ag^+ + Cl^- \longrightarrow AgCl\downarrow$ $AgCl + 2NH_3 \longrightarrow [Ag(NH_3)_2]^+ + Cl^-$ $[Ag(NH_3)_2]^+ + 2H^+ + Cl^- \longrightarrow AgCl\downarrow + 2NH_4^+$	碱性 酸性(HNO_3)
	加 0.1 mol/L K_2CrO_4 ⟶ 砖红色沉淀 $2Ag^+ + CrO_4^{2-} \longrightarrow Ag_2CrO_4\downarrow$	中性或弱碱性
Zn^{2+}	加 6 mol/L NaOH、加二苯硫腙、水浴温热 ⟶ 水溶液呈粉红色 $\frac{1}{2}Zn^{2+} + \mathrm{S{=}C}\begin{matrix}NH{-}NH{-}C_6H_5\\ N{=}N{-}C_6H_5\end{matrix} \longrightarrow \mathrm{Zn/2{\leftarrow}S{=}C}\begin{matrix}NH{-}N{-}C_6H_5\\ N{=}N{-}C_6H_5\end{matrix}\text{(s)} + H^+$ (粉红色) 此内配盐能溶于 CCl_4 中,常用其 CCl_4 溶液来比色测定 Zn^{2+} 的含量	强碱性
Cd^{2+}	加 H_2S(或 Na_2S) ⟶ 黄色沉淀 $Cd^{2+} + H_2S \longrightarrow CdS\downarrow + 2H^+$ $Cd^{2+} + S^{2-} \longrightarrow CdS\downarrow$	
Hg^{2+}	加 0.1 mol/L $SnCl_2$ ⟶ 白色沉淀,继续加过量 ⟶ 黑色沉淀 $2HgCl_2 + SnCl_2 \longrightarrow Hg_2Cl_2\downarrow + SnCl_4$ $Hg_2Cl_2 + SnCl_2 \longrightarrow 2Hg\downarrow + SnCl_4$	酸性(HCl)
Cl^-	加 2 mol/L HNO_3、加 0.1 mol/L $AgNO_3$ ⟶ 白色沉淀,沉淀可溶于 6 mol/L NH_3(过量),加 6 mol/L HNO_3,又有白色沉淀析出 $Ag^+ + Cl^- \longrightarrow AgCl\downarrow$ $AgCl + 2NH_3 \longrightarrow [Ag(NH_3)_2]^+ + Cl^-$ $[Ag(NH_3)_2]^+ + 2H^+ + Cl^- \longrightarrow AgCl\downarrow + 2NH_4^+$	酸性(HNO_3) 碱性 酸性(HNO_3)
Br^-	加 1 mol/L H_2SO_4,CCl_4,氯水 ⟶ CCl_4 层显橙黄色至橙红色 $2Br^- + Cl_2 \longrightarrow Br_2 + 2Cl^-$	酸性
I^-	加 CCl_4、氯水 ⟶ CCl_4 层显紫色,过量氯水变无色 $2I^- + Cl_2 \longrightarrow I_2 + 2Cl^-$ $I_2 + 5Cl_2 + 6H_2O \longrightarrow 2HIO_3 + 10HCl$	弱酸性或中性
S^{2-}	加 $Na_2[Fe(CN)_5NO]$ ⟶ 紫红色 $S^{2-} + [Fe(CN)_5NO]^{2-} \longrightarrow [Fe(CN)_5NOS]^{4-}$	碱性

(续表)

离　子	鉴定方法	条　件
SO_3^{2-}	加饱和 $ZnSO_3$,$K_4[Fe(CN)_6]$ ⟶ 浅黄色沉淀,再加 $Na_2[Fe(CN)_5NO]$ ⟶ 红色沉淀 $2Zn^{2+} + [Fe(CN)_6]^{4-} \longrightarrow Zn_2[Fe(CN)_6]\downarrow$ $Zn_2[Fe(CN)_6] + [Fe(CN)_5NO]^{2-} + SO_3^{2-} \longrightarrow$ $Zn_2[Fe(CN)_5NOSO_3]\downarrow + [Fe(CN)_6]^{4-}$	酸性
SO_4^{2-}	加 1 mol/L $BaCl_2$ ⟶ 白色沉淀(难溶于强酸) $SO_4^{2-} + Ba^{2+} \longrightarrow BaSO_4\downarrow$	酸性
$S_2O_3^{2-}$	加 2 mol/L HCl ⟶ 气体使湿润的 pH 试纸变红,同时有乳黄色或白色硫生成而使溶液浑浊 $S_2O_3^{2-} + 2H^+ \longrightarrow SO_2\uparrow + S\downarrow + H_2O$	酸性
	加 0.1 mol/L $AgNO_3$(点滴板实验) ⟶ $Ag_2S_2O_3$ 白色沉淀,沉淀由白色变为黑色 $S_2O_3^{2-} + 2Ag^+ \longrightarrow Ag_2S_2O_3\downarrow$ $Ag_2S_2O_3 + H_2O \longrightarrow Ag_2S\downarrow + 2H^+ + SO_4^{2-}$	酸性
NO_2^-	加 2 mol/L HAc,加 $FeSO_4$(s) ⟶ 棕色溶液 $NO_2^- + Fe^{2+} + 2HAc \longrightarrow NO + Fe^{3+} + 2Ac^- + H_2O$ $Fe^{2+} + NO \longrightarrow [Fe(NO)]^{2+}$	Fe^{2+} 过量
NO_3^-	加 $FeSO_4$(s),加浓 H_2SO_4(沿倾斜试管壁) ⟶ 交界面出现棕色环 $NO_3^- + 3Fe^{2+} + 4H^+ \longrightarrow 3Fe^{3+} + NO + 2H_2O$ $Fe^{2+} + NO \longrightarrow [Fe(NO)]^{2+}$	酸性
PO_4^{3-}	加 0.1 mol/L 钼酸铵试剂,剧烈振荡或微热 ⟶ 黄色沉淀 $7Na_3PO_4 + 12(NH_4)_6Mo_7O_{24} + 72HNO_3 \longrightarrow$ $7(NH_4)_3PO_4 \cdot 12Mo_7O_{21}\downarrow + 21NaNO_3 + 51NH_4NO_3 + 36H_2O$	酸性(HNO_3) 钼酸铵试剂过量
CO_3^{2-}	加 2 mol/L HCl ⟶ 气体,气体通入饱和石灰水 ⟶ 白色沉淀 $CO_3^{2-} + 2H^+ \longrightarrow CO_2\uparrow + H_2O$ $CO_2 + Ca(OH)_2 \longrightarrow CaCO_3\downarrow + H_2O$	酸性(HCl) 碱性

附录六 常见酸、碱溶解性表(20 ℃)

阳离子	阴离子								
	OH^-	NO_3^-	Cl^-	SO_4^{2-}	S^{2-}	SO_3^{2-}	CO_3^{2-}	SiO_3^{2-}	PO_4^{3-}
H^+	H_2O	溶、挥	溶、挥	溶	溶、挥	溶、挥	溶、挥	微	溶
NH_4^+	溶、挥	溶	溶	溶	溶	溶	溶	溶	溶
K^+	溶	溶	溶	溶	溶	溶	溶	溶	溶
Na^+	溶	溶	溶	溶	溶	溶	微	溶	溶
Ba^{2+}	溶	溶	溶	不	—	不	不	不	不
Ca^{2+}	微	溶	溶	微	—	不	不	不	不
Mg^{2+}	不	溶	溶	溶	—	微	微	不	不
Al^{3+}	不	溶	溶	溶	—	—	—	不	不
Mn^{2+}	不	溶	溶	溶	不	不	不	不	不
Zn^{2+}	不	溶	溶	溶	不	不	不	不	不
Cr^{3+}	不	溶	溶	溶	—	—	—	不	不
Fe^{2+}	不	溶	溶	溶	不	不	不	不	不
Fe^{3+}	不	溶	溶	溶	—	—	不	不	不
Sn^{2+}	不	溶	溶	溶	不	不	—	—	不
Pb^{2+}	不	溶	微	不	不	不	不	不	不
Bi^{3+}	不	溶	—	溶	不	不	不	—	不
Cu^{2+}	—	溶	溶	溶	不	不	不	不	不
Hg^+	—	溶	不	微	不	不	不	—	不
Hg^{2+}	—	溶	溶	溶	不	不	不	—	不
Ag^+	—	溶	不	微	不	不	不	不	不

注:“溶”表示可溶于水;“不”表示难溶于水;“微”表示微溶于水;“挥”表示易挥发;“—”表示不存在或遇水分解。